# 群目标分辨雷达初速测量技术

## Technology of Multi-Target Initial Velocity Measurement Radar

刘利民　韩壮志　芦永强　著
史　林　黄　巍　侯建强

国防工业出版社
·北京·

**图书在版编目（CIP）数据**

群目标分辨雷达初速测量技术 / 刘利民等著. --
北京：国防工业出版社，2024.9. -- ISBN 978-7-118
-13469-8

Ⅰ. TN958.91

中国国家版本馆 CIP 数据核字第 2024TN9004 号

※

国防工业出版社 出版发行

（北京市海淀区紫竹院南路 23 号　邮政编码 100048）
北京虎彩文化传播有限公司印刷
新华书店经售

*

开本 710×1000　1/16　插页 2　印张 7¾　字数 134 千字
2024 年 9 月第 1 版第 1 次印刷　印数 1—1300 册　定价 69.00 元

**（本书如有印装错误，我社负责调换）**

国防书店：(010) 88540777　　书店传真：(010) 88540776
发行业务：(010) 88540717　　发行传真：(010) 88540762

# 前　言

群目标是密集分布于雷达同一距离单元和角度单元内，具有相似运动模式且难以分辨的多个目标。群目标普遍存在于雷达探测的各个领域。近年来，蜂群无人机、巡飞弹等低成本密集群目标威胁日益增多，超高射速火炮、子母弹、动爆破片等靶场群目标测量需求不断、对雷达探测能力提出了挑战。

高射速火炮可以在短时间内发射大量弹丸，编制密集"弹幕"，有效拦截低空、超低空高速目标，是防空反导体系末端防御的最后一道防线和"保险"。弹丸初速是评估火炮武器系统性能的重要指标。高射速火炮发射的大量弹丸是一种典型的高速密集群目标。群目标初速测量雷达是实现高射速火炮弹丸初速测量的关键设备。

本书基于高射速武器弹丸密集群目标初速测量需求，阐述了雷达群目标分辨、群目标检测、群目标数据处理等技术，包括目标飞行特性分析、信号及回波分析，以及相应的恒虚警检测、弹迹起始和跟踪滤波等关键算法，并建立了雷达回波处理仿真平台，便于相关算法的研究和验证。

本书是作者近年来在群目标分辨雷达和火炮初速测量领域研究工作的总结，有助于提高雷达群目标分辨能力和火炮初速测量能力。相关技术也在蜂群无人机探测、动爆破片测量等领域得到应用。本书可为科研工作者和研究生提供参考。限于作者水平，书中难免有不足之处，敬请读者批评指正。

作者<br>2023 年 7 月

# 目　　录

**第1章　概论** ……………………………………………………………… 1

1.1　群目标分辨雷达 …………………………………………………… 1
1.2　研究背景及现状 …………………………………………………… 2
　　1.2.1　研究背景 ……………………………………………………… 2
　　1.2.2　国内外发展与现状 …………………………………………… 5
1.3　基本方法概述 ……………………………………………………… 5
　　1.3.1　信号处理流程 ………………………………………………… 6
　　1.3.2　数据处理流程 ………………………………………………… 7

**第2章　群目标分辨技术原理** ………………………………………… 9

2.1　概述 ………………………………………………………………… 9
2.2　恒虚警检测 ………………………………………………………… 11
　　2.2.1　均值 CFAR …………………………………………………… 12
　　2.2.2　统计有序 CFAR ……………………………………………… 13
　　2.2.3　自适应 CFAR ………………………………………………… 13
2.3　时频分析 …………………………………………………………… 14
2.4　短时傅里叶变换 …………………………………………………… 14
　　2.4.1　连续短时傅里叶变换 ………………………………………… 14
　　2.4.2　离散短时傅里叶变换 ………………………………………… 15
　　2.4.3　窗函数对时频分辨率的影响 ………………………………… 16
2.5　图像边缘检测 ……………………………………………………… 19
　　2.5.1　Sobel 算子 …………………………………………………… 20
　　2.5.2　Roberts 算子 ………………………………………………… 21
　　2.5.3　Prewitt 算子 ………………………………………………… 21

2.5.4　Canny算子 ·········································································· 22

## 第3章　目标飞行特性分析 ·········································································· 23

3.1　单目标飞行特性分析 ·········································································· 23
3.2　连发弹丸飞行特性分析 ······································································ 24
3.3　弹丸飞行特性仿真 ············································································ 25

## 第4章　雷达信号设计 ·················································································· 28

4.1　信号设计思路 ···················································································· 28
4.2　常用信号对比分析 ············································································ 29
4.3　复合伪码连续波信号的设计 ······························································ 30
4.4　复合伪码连续波信号的相关特性分析 ·············································· 32
4.5　复合伪码连续波信号的模糊特性分析 ·············································· 34
　　4.5.1　模糊特性分析 ········································································ 34
　　4.5.2　复合伪码连续波信号的伪模糊函数分析 ······························ 35
4.6　目标回波建模与仿真 ········································································ 37
　　4.6.1　目标回波建模 ········································································ 37
　　4.6.2　单目标回波仿真 ···································································· 38
　　4.6.3　群目标回波仿真 ···································································· 41
　　4.6.4　仿真结果分析 ········································································ 44

## 第5章　群目标分辨信号处理技术 ······························································ 45

5.1　概述 ·································································································· 45
5.2　距离—时间—频率三维群目标分辨 ·················································· 45
　　5.2.1　时频分析 ················································································ 46
　　5.2.2　三维分辨效果分析 ································································ 47
5.3　多目标检测 ······················································································ 48
　　5.3.1　时频二维恒虚警处理 ···························································· 48
　　5.3.2　时频二维双门限恒虚警检测 ················································ 49
　　5.3.3　检测性能分析 ········································································ 51
5.4　时频图"拖尾"现象分析 ································································ 52
　　5.4.1　伪码调相雷达发射信号频谱分析 ········································ 52

5.4.2 回波信号频谱分析 ········································ 54
5.5 基于 Hough 变换的目标检测算法 ························· 58
  5.5.1 Hough 变换直线检测算法 ···························· 58
  5.5.2 用于伪码调相信号的直线检测算法 ················· 58
  5.5.3 实验结果与分析 ········································ 62
5.6 基于弹托频谱窗的 SOD-CFAR 算法 ···················· 64
  5.6.1 频域加窗处理 ··········································· 64
  5.6.2 SOD-CFAR 算法 ······································ 66
  5.6.3 检测性能分析 ··········································· 67
5.7 实验结果与分析 ············································· 68

# 第 6 章 群目标分辨数据处理技术 ···························· 72

6.1 概述 ···························································· 72
6.2 数据处理 ······················································ 72
  6.2.1 弹迹起始 ················································ 72
  6.2.2 $\alpha$-$\beta$-$\gamma$ 跟踪滤波算法 ···················· 74
  6.2.3 初速外推 ················································ 76
  6.2.4 数据处理结果分析 ····································· 76
6.3 自适应弹迹起始算法 ······································· 78
  6.3.1 最优起始距离门搜索算法 ···························· 79
  6.3.2 自适应弹迹起始算法 ································· 80
6.4 双向 $\alpha$-$\beta$-$\gamma$ 跟踪滤波算法 ·················· 82

# 第 7 章 仿真平台设计与实现 ································· 87

7.1 概述 ···························································· 87
7.2 Simulink 仿真平台 ·········································· 87
7.3 群目标初速测量回波处理仿真平台结构设计 ·········· 88
7.4 S 函数自定义模块 ··········································· 91
  7.4.1 S 函数分类 ············································· 91
  7.4.2 Level 2 M S 函数的子方法 ························· 91
  7.4.3 自定义模块的封装 ···································· 93
7.5 主要算法实现 ················································ 94

  7.5.1 数据读取模块 ………………………………………… 94
  7.5.2 时频分析模块 ………………………………………… 96
  7.5.3 多目标检测模块 ……………………………………… 98
  7.5.4 自适应弹迹起始模块 ………………………………… 105
  7.5.5 双向跟踪滤波模块 …………………………………… 106
  7.5.6 曲线拟合与初速外推模块 …………………………… 110
 7.6 数据处理实验 ……………………………………………… 110

**参考文献** ………………………………………………………… 114

# 第1章 概 论

## 1.1 群目标分辨雷达

雷达被誉为"国防千里眼",是现代战场极为重要的信息获取设备,具有全天时、全天候、远距离工作等特点,可安置在地面、车辆、舰船、飞机、导弹、卫星等多种平台上,在军事和民用等领域具有重要的应用价值。

作为"国防千里眼",雷达一方面要看得远:增强威力,另一方面要看得清:提高分辨力。八十多年来,在功能不断丰富的同时,雷达威力不断增强,雷达分辨力也不断提升。二战时期的雷达只具备距离和角度分辨力;二战后出现了脉冲多普勒雷达,雷达具有了速度分辨能力;合成孔径雷达的发展,采用虚拟孔径的方式大大增加了雷达角度分辨力;相控阵、数字波束形成、毫米波等射频收发技术的发展,使雷达角分辨力和距离分辨力得到极大提升。

虽然雷达的性能不断提高,但是对于不断出现的密集分布多个目标,不计成本地提高分辨力不太现实,有时也不可实现。当密集分布的多个目标同时位于雷达的同一距离单元和角度单元内,利用常规的线性处理方法都难以分辨时,称该多个目标集合为群目标,学术上又称为不可分辨目标(unresolved targets)。需要强调的是,此处的"不可分辨"是针对常规线性处理而言。概括起来,群目标有如下特点:有共同的行动目的,相互协作完成任务,彼此空间临近,速度、运动方向基本一致。

群目标普遍存在于雷达探测的各个领域中,严重影响了雷达探测的实现。在弹道测量领域,雷达的探测与跟踪性能在群目标条件下严重恶化,因此群目标的处理是亟待解决的问题;在防空领域、精确制导领域、低空探测领域以及宽带识别领域,雷达在目标指示、情报获取等方面的能力也因群目标受限。近年来,蜂群无人机、巡飞弹等低成本密集群目标威胁日益增多,雷达群目标探测能力成为雷达探测领域的研究热点。

雷达群目标探测包括检测、分辨、跟踪和识别四个环节。其中,群目标分辨的任务是准确估计目标数目并精确估计各目标参数，是雷达实现群目标探测的重点和难点。本书以高射频火炮初速测量为背景，分析群目标分辨雷达中个体目标参数测量的信号及数据处理方法，相关技术已应用于蜂群无人机等群目标雷达探测中。

## 1.2 研究背景及现状

### 1.2.1 研究背景

现代防空体系由远、中、近多层防空网组成。其中，中远程防空网主要由导弹系统构成，主要任务是拦截防区外武器发射平台及突入防空网的飞机、导弹、精确打击弹药；近程防空网主要实现末端防御，一般由多管高射速火炮构成，其编织的密集"弹幕"，可有效拦截少数穿透中远程防空网的目标和低空、超低空高速目标。因此，多管高射速火炮是防空系统末端防御的主要武器，是防空反导体系的最后一道防线和"保险"，受到广泛关注。

小口径高射频火炮大多采用多转管设计，具有较高的射频。例如，美国的"密集阵"系统（图1-1）采用格林6管火炮，每分钟发射8000发炮弹，炮弹形成一个扇面，用以拦截来袭的反舰导弹；西班牙的"梅罗卡"高炮是

图1-1 美国"密集阵"系统

12管20mm自动炮，理论射速为9000发/分；德国的"迈达斯"4管27mm气动式转膛自动炮（图1-3），发射速率为7200发/分；荷兰的"守门员"7管30mm转管自动炮，发射速率为4200发/分；法国的"撒旦"7管30mm转管自动炮，发射速率为4200发/分；俄罗斯的"卡什坦"舰载弹炮结合防空系统（图1-2），装有两门6管30mm转管炮，射速达8800~10200发/分。

图1-2 俄罗斯的"卡什坦"弹炮结合防空系统

图1-3 德国的"迈达斯"系统

弹丸初速是火炮的一个关键参数和测试难点。对内弹道而言，它是内弹道理论正确性和计算方法正确性的检验标准；对外弹道而言，它是确定弹丸在空气中运动和编制射表的重要参量。在火炮试验中，测定弹丸初速对确定火炮的弹道特性、选择装药、检查火炮与弹药的质量等起着决定性作用。在其他条件相同的情况下，弹丸初速是评价火药有效作用的标准，也是决定射程和命中目标的重要特征量。

此外，与低射速武器系统不同，火炮射速和弹丸出膛时刻也是高速火炮的重要技术指标。火炮射速是指每分钟发射炮弹的数目，用以描述武器快速发射的能力，也可称为射击频率（射频）。决定火炮射速的因素有：射击循环周期，装填速度，火炮管身的热容量等。口径越大，弹壳越长或者药室体积越大，系统的缓冲距离越远，射击循环周期就越长。炮管的热容量，决定了火炮的最高射速，一旦超过这个数值，火炮的性能就会急剧下降甚至有危险。

弹丸出膛时刻的时间参数是分析火炮动力学、测试弹丸初速所需的核心参数。研究火炮结构振动影响其射击精度时，必然涉及到弹丸出膛时刻，研究弹丸膛内运动规律，以及炮口振动对弹丸起始扰动的影响等，也必须准确获得弹丸出膛时刻。在弹丸初速测试中，弹丸出膛时刻是弹丸初速外推的时间零点，其精度直接决定弹丸初速的外推精度。

当前靶场对火炮的初速测量方法主要有区域装置法（区截装置和测时仪）和雷达测速法两种。其中，区域装置测量弹丸的初速主要有天幕靶、通断靶、线圈靶和光电靶等方法，其工作原理大致一致：通过传感器获得弹丸飞行时间，进而得到测量范围内的瞬时速度，最后利用弹道外推得到弹丸初速，区域装置法原理简单，但是测试设备多，体积重量大、便携性差、易受环境影响测量精度不高；雷达测速法是利用雷达信号的多普勒效应，通过测量雷达发射波和接收弹丸回波之间的频差来计算弹丸飞行速度，具有精度高、全天候、目标分辨力高等优点，进而在靶场中得到广泛应用。

高射频火炮多采用脱壳穿甲弹，当连续高速发射时，雷达回波波束内会存在分布密集的大量的卡瓣、底托和弹芯，由于这些目标自身速度的不同和出膛的先后，在波束内的飞行时间和飞行距离都不相同，这样就形成一个复杂的群目标，对这些目标的分离，提取，匹配识别是高射频弹丸初速测量雷达系统的关键。目标增多的同时带来了数据量的增大和处理难度的增加，对数据处理的效率和精度也有了新的要求，因此传统的雷达测量初速的方法不能解决高射频弹丸初速测量中群目标难分辨和数据处理不适应的问题。

## 1.2.2 国内外发展与现状

雷达速度测量方面，国外研究起步较早，从 20 世纪 60 年代开始雷达已经被应用于测速方面的研究。目前美军的 M90 雷达和英国费兰蒂公司生产的 Pacer Mk2 雷达，探测精度分别达到了 0.3m/s 和 0.1m/s[1]。

我国测速雷达发展较晚，直到 70 年代才出现了第一部我国自主研制的测速雷达。随着国内数字信号处理技术和计算机技术的发展，测速雷达技术飞速发展，到 90 年代已经发展到了以具有数字终端机为代表的第三代测速雷达，国内对测量高速率射击的多目标弹丸技术进行了研究。主要采用了带有加速度补偿的 FFT 技术，通过实弹测量，其测量精度达到要求，对于 2400 发/min 发射速率（以下简称为射频）以下的多目标信号，可以区别出来。但对于更高射频弹丸难于正确分辨，此外，对于带有卡瓣和底托的高射速多目标弹丸区分仍不能满足测量需要。

群目标初速测量雷达是近几年为适应高射速武器系统发展起来的靶场测量雷达。丹麦 Weibel 公司研发出了最早的群目标初速测量雷达，并且在回波处理、算法研发方面受到国际认可。W1000 雷达可以对 2400 发/min 射速的弹丸进行精确测速，测速雷达采用的技术为通用 FFT 等数字技术。

现阶段国内群目标初速测量雷达在技术上实现了突破，已经从原来的时域分析发展到了时频域联合分析，基本可以较好的满足中低射速火炮的初速测量要求。由于群目标初速测量雷达三维分辨单元回波内同时存在多个目标的多普勒信息，如何准确地进行多个弹丸目标的分辨以及提取弹丸在不同时刻的速度值是群目标初速测量雷达的技术难点。

## 1.3 基本方法概述

测量初速的方法多种多样，归纳起来有两种：区截装置法和雷达测速法[4-7]。雷达测速法具有高精度、全天候、实时性等优点，随着装备的发展，其在初速测量领域的应用更加广泛。雷达测速法通常不直接测量炮口初速，而是采用速度外推的方法，通过测量弹丸后效期结束后弹道的多个速度值来外推炮口的初速。雷达测速法对回波信号处理精度要求较高。

群目标初速测量雷达回波处理算法流程如图 1-4 所示，回波处理主要包括信号处理与数据处理两个主要过程。信号处理过程主要是提高回波信号的信噪比，进行时频分析等群目标分辨处理，提取群目标的参数信息，包括信号距离相关处理、时频分析、多目标检测等算法。数据处理对目标参数进行数据关联与拟合，最终根据弹丸的时间速度变化曲线外推得到弹丸初速，包括了弹迹起始、跟踪滤波和曲线拟合等算法。

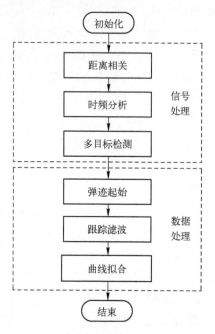

图 1-4　群目标初速测量雷达回波处理算法

### 1.3.1　信号处理流程

当前群目标初速测量雷达信号处理算法主要包括信号距离相关处理、时频分析、多目标检测等算法。由于高射频火炮初速测量需要对群目标回波信号进行群分辨，传统的基于单一域的分辨方法无法实现群目标分辨，群目标初速测量雷达可通过信号距离相关处理和时频分析，实现距离—时间—频率的三维分辨。目前常用的时频分析方法主要包括了短时傅里叶变换（STFT）、Wigner-Ville 分布[2]和小波变换[3]等算法。当前群目标初速测量雷达利用短时傅里叶变换作为时频分析方法[4]。通过时频分析基本上可以实现群目标分辨，但是在时频图目标点处存在"拖尾"现象，即时频图内存在大量类似"拖尾"形状的能量强点，在目标提取过程中，会将能量强点产生的虚假目标认作真实目标,从而干扰目标检测效果。

多目标检测算法包括恒虚警检测和目标检测,首先通过恒虚警检测剔除回波内噪声干扰,其次利用 Sobel 边缘检测算法[5]提取目标参数。恒虚警检测是在噪声与干扰环境中进行的,根据背景杂波估计设置恒虚警门限来剔除干扰,实现目标检测。不同的恒虚警算法,背景杂波能量的估计方法不同。传统的恒虚警算法主要有均值类恒虚警处理(ML-CFAR)和有序统计恒虚警处理(OS-CFAR)[6,7]。群目标初速测量雷达在均值类恒虚警的基础上采用高低双门限对时频二维数据进行恒虚警检测[8]。双门限恒虚警检测算法采用固定的门限增益对不同回波数据的自适应性较差,当先验信息不足时,恒虚警检测效果会受到严重影响。

本文对群目标初速测量雷达恒虚警检测算法进行了优化,对时频图中"拖尾"现象产生机理进行了研究分析,针对普通榴弹与脱壳弹两种类型弹丸工作机理,分别提出了两种多目标检测算法。针对普通榴弹提出了一种基于 Hough 变换直线检测[9,10]的多目标检测算法,解决了时频图中"拖尾"现象对多目标检测造成干扰的问题,增强了多目标检测算法的自适应能力,提高了多目标检测精度;针对脱壳弹,采用频域加窗的处理方法[11],根据弹丸速度的先验信息,可通过设计弹托频谱窗,抑制弹托多普勒频谱,对加窗处理后的信号进行自适应恒虚警检测(SOD-CFAR),利用二阶统计假设[12]与 Shapiro-Wilk 检验[13]得到服从正态分布的杂波背景估计,可以对不同回波数据自适应地进行恒虚警检测,增强了多目标检测算法的自适应性,提高了检测精度。

### 1.3.2 数据处理流程

信号处理过程对距离门回波数据进行群目标分辨和参数提取,不同距离门内目标信息的关联与融合需要通过数据处理部分来完成。群目标初速测量雷达数据处理算法主要包括弹迹起始[14]、跟踪滤波[15,16]与曲线拟合[17]等算法。首先,利用规则法[18]对前三个距离门数据航迹关联进行,形成每发弹丸的三点起始弹迹;其次,从起始弹迹开始,根据每条弹迹内的目标时间、速度和加速度等信息进行卡尔曼跟踪滤波,得到每发弹丸在不同距离门内的目标信息;最后,根据跟踪滤波结果对同一发弹丸在不同距离门内的目标信息进行曲线拟合得到每发弹丸的"时间—速度"变化曲线,根据目标出膛时刻外推计算得到其初速度。

由于炮口焰、炮口烟的影响，第一距离门数据的检测效果往往比较差，若以第一距离门为起始数据进行弹迹起始，势必会产生较多的虚警，严重影响后续跟踪滤波效果。当前采用人工筛选的方法找到具有最佳检测效果的距离门，作为弹迹起始数据。但人工筛选会影响弹迹起始算法的整体性，降低运算速度，并且引入了主观因素的影响，使弹迹起始质量随操作人员不同而出现较大的起伏，降低了弹迹起始可靠性。本书对当前弹迹起始算法进行了优化，提出了一种最优起始距离门搜索算法，计算机可以自动筛选出检测效果最佳的距离门数据作为起始数据，增强了弹迹起始算法的自适应性，提高了弹迹起始的精度。

高射速火炮弹丸的目标模型符合匀加速和近似匀加速运动[19]，因此常增益跟踪滤波算法可以实现多个弹丸目标的跟踪滤波，由于当前群目标测速雷达引入了目标加速度信息，因此采用 $\alpha$-$\beta$-$\gamma$ 跟踪滤波算法进行群目标跟踪处理[20,21]。$\alpha$-$\beta$-$\gamma$ 跟踪滤波是由前一时刻向后一时刻递推的过程，跟踪滤波过程无法利用弹迹起始时刻以前的回波数据，会导致数据利用不足，产生跟踪滤波可靠性不高等问题。针对该问题，在传统 $\alpha$-$\beta$-$\gamma$ 跟踪滤波算法的基础上，研究了一种双向 $\alpha$-$\beta$-$\gamma$ 跟踪滤波算法，充分利用了全部距离门的回波数据，提高了跟踪滤波的准确性和可靠性。

本书基于高射速武器弹丸密集群目标初速测量需求，阐述了雷达群目标分辨、群目标检测、群目标数据处理等技术，包括目标飞行特性分析、信号及回波分析，以及相应的恒虚警检测、弹迹起始和跟踪滤波等关键算法，并建立了雷达回波处理仿真平台，便于相关算法的研究和验证。相关技术也在蜂群无人机探测、动爆破片测量等领域得到应用。

# 第 2 章  群目标分辨技术原理

## 2.1 概　　述

群目标初速测量雷达采用伪随机码调制的连续波雷达信号体制，测速过程如图 2-1 所示，弹丸出膛瞬间会触发微波触发仪，将每发弹丸的出膛时刻发送到回波处理终端。弹丸经过雷达波束时产生载有多个目标多普勒频率的回波，回波信号与不同延迟的本地伪随机码相关可以得到不同距离门的目标回波，利用恒虚警检测实现目标回波信号背景噪声去除，提高信号信噪比，通过时频分析可以实现距离—时间—频率三维群目标分辨，通过图像边缘检测系统对时频二维图像进行处理，提取目标时间、速度等参数，此时目标径向速度设为 $V_r$（$r$ 为发射弹丸的序号），$A$ 为雷达到火炮距离，$B$ 为火炮炮口长度，$R$ 为弹丸与雷达径向距离，$dis$ 为当前时刻弹丸飞行距离。

各弹丸的切向速度 $V_r'$ 通过式（2-1）可以得到，

$$V_r' = \frac{\sqrt{R^2 - A^2}}{R} \cdot V_r \quad (2\text{-}1)$$

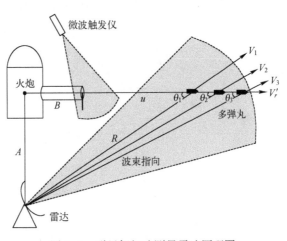

图 2-1　群目标初速测量雷达原理图

利用卡尔曼滤波、最小二乘法等对不同时刻的目标切向速度进行拟合可以得到弹丸速度时间变化曲线，再根据出膛时刻实现初速外推。

群目标初速测量雷达系统如图 2-2 所示，由射频、相关解调和信号与数据处理三个分系统组成。射频分系统由收发天线、混频放大器、功率放大器、

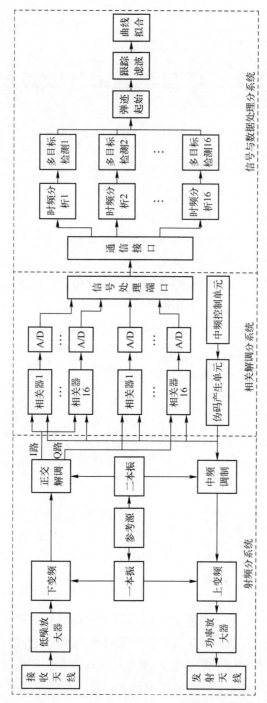

图 2-2 群目标初速测量雷达系统结构

一本振和二本振信号源、参考源等组成。射频分系统接收伪码信号对正弦连续信号进行 BPSK 调制，经上变频与功率放大器形成发射信号；目标回波经接收天线接收后，通过低噪放大、下变频和正交解调得到 I/Q 两路正交零中频信号。

当回波信号传入时，中频控制单元控制伪码产生单元为每一路相关器生成具有对应延迟的伪随机码。带有延迟的本地伪随机码与 I/Q 正交零中频信号进行相关处理，并通过 A/D 形成数字信号；最后通过信号处理端口，将数字信号传输给信号与数据处理分系统。

信号与数据处理分系统对数字信号进行恒虚警检测、时频分析、多目标检测、图像边缘检测、卡尔曼滤波与曲线拟合，最后根据出膛时刻计算得到各弹丸的初速度。信号与数据处理分系统的算法性能直接决定了群目标初速测量雷达的检测能力。

## 2.2 恒虚警检测

恒虚警（CFAR）检测是指雷达系统在保持虚警概率恒定条件下对接收机输出的信号与噪声作判别以确定目标信号的方法，是雷达检测系统给定一种检测策略，使杂波和噪声对信号虚警概率影响最小的一种处理方法。恒虚警处理可以提高信号信噪比。在高射频火炮初速测量中，雷达回波信号往往叠加在噪声和杂波干扰之中，利用恒虚警检测可以有效剔除回波中的干扰信号，提高信号信噪比。但是，恒虚警检测无法有效区分弹丸和其他目标的回波信号。

恒虚警检测首先对输入的噪声进行处理后确定一个门限，将此门限与输入端信号相比，如输入端信号超过了此门限，则判为有目标，否则，判为无目标。一般信号由信号源发出，在传播的过程中受到各种干扰，到达接收机后经过处理，输出到检测器，然后检测器根据适当的准则对输入的信号做出判决。

恒虚警判决结果必然存在着两种误差概率：发现概率和虚警概率。设信号接收机端输出信号为 $x(t)$，则存在以下情况：

噪声和信号同时存在：$x(t)=s(t)+n(t)$

仅有噪声时：$x(t)=n(t)$

用 $H_0$ 和 $H_1$ 分别表示接收机的无信号输入和有信号输入的假设；

用 $D_0$ 和 $D_1$ 分别表示检测器作出无信号和有信号的判决结果。

于是接收机的输入与检测器的判决将有四种情况：

$H_0$ 为真，判为 $D_0$，即接收机无信号输入，检测器判为无信号，称为正确不发现；

$H_0$ 为真，判为 $D_1$，即接收机无信号输入，检测器判为有信号，称为虚警；

$H_1$ 为真，判为 $D_0$，即接收机有信号输入，检测器判为无信号，称为漏警；

$H_1$ 为真，判为 $D_1$，即接收机有信号输入，检测器判为有信号，称为正确检测。

其中第一种情况和第四种情况属于正确判决，其余两种属于错误判决。

经典的 CFAR 算法主要包括了均值类 CFAR、统计有序 CFAR 和自适应 CFAR 等算法。

### 2.2.1 均值 CFAR

其中，均值类 CFAR 算法最为常用，传统的临近单元平均恒虚警处理方法是通过对参考单元的功率电平求和取平均来估计待测单元的杂波功率电平，算法如图 2-3 所示。与待测单元相邻的是两个保护单元，用来避免待测单元对参考单元的能量干扰。$Z$ 是参考单元的能量平均值，$T$ 是门限系数，两者相乘即为门限 $G$，然后与待测单元进行能量比较，如果待测单元能量较大，则认为有目标，否则认为无目标。

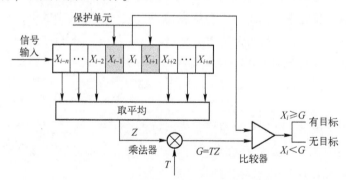

图 2-3 传统临近单元平均恒虚警检测

可以构建单元平均恒虚警处理的检测门限为

$$G = \frac{T}{2(n-1)} \Big( \sum_{i=i-n}^{i-2} x_i + \sum_{i=i+2}^{i+n} x_i \Big) \quad (2\text{-}2)$$

式中　$T$——与虚警概率有关的门限乘积系数：

$$T = (p_{fa})^{-1/2n} - 1 \quad (2\text{-}3)$$

式中　$P_{fa}$——虚警概率；

　　　$2n$——所有参考单元的数目。采用单元平均恒虚警处理方法要同时满足参考单元中不含待测单元的能量泄漏，并且所有单元的干扰情况这两个条件基本一致。

## 2.2.2　统计有序 CFAR

统计有序 CFAR 检测原理如图 2-4 所示，主要核心思想是通过对参考窗内的数据由小到大排序，并选取其中第 $N$ 个数值作为检测门限。

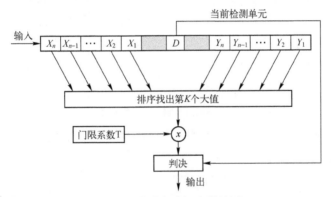

图 2-4　统计有序恒虚警检测

## 2.2.3　自适应 CFAR

自适应 CFAR 检测原理如图 2-5 所示，主要核心思想是通过根据不同杂波类型，选取合适的检测门限。

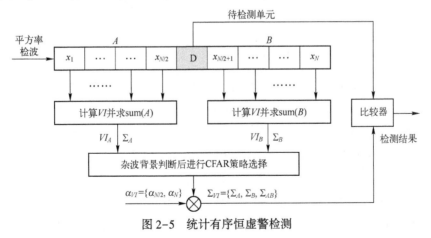

图 2-5　统计有序恒虚警检测

13

## 2.3 时频分析

信号一般用时间作自变量来表示,通过傅里叶变换可分解为不同的频率分量,在平稳信号分析中,时间和频率是两个非常重要的变量,傅里叶变换及其反变换建立了信号频域与时域的映射关系。基于傅里叶变换的信号频域表示及其能量的频域分布揭示了信号在频域的特征,对于平稳信号,使用傅里叶变换能够很好地解决问题,这是因为信号不依赖时间变化而变化的。但是连续波测试雷达回波信号为非平稳信号,高射频弹丸回波信号是一组典型的时变信号叠加,且持续时间有限。由于存在着一维速度模糊,采用传统傅里叶分析方法不能满足群目标分辨的需要,必须利用时频分析方法,通过时间—频率函数进行分析。

时频分析方法将一维时域信号映射到二维的时频平面,全面反映非平稳信号的时频联合特征。常见时频分析方法有短时傅立叶变换、小波变换和Wigner-Ville 分布等方法。

在时频分析中,Wigner-Ville 分布会产生交叉项影响群目标分辨精度;小波变换效果受母小波的影响较大,对当前群目标回波适应性较差;由于短时傅里叶变换实现简单并且分辨精度可以满足高射速弹丸的分辨要求。因此,当前群目标初速测量雷达采用短时傅里叶变换进行时频分析。

## 2.4 短时傅里叶变换

### 2.4.1 连续短时傅里叶变换

1946 年,Gabor 提出窗口傅里叶变换的概念,即短时傅立叶变换(Short Time Fourier Transform,STFT)。STFT 可以给出局部时间内信号频率特性随时间变化的规律[22-29]。其步骤为:利用窗函数 $g(t)$ 对信号进行截取;把窗函数内的信号当做平稳信号对其进行傅里叶变换,得到该截取信号的频率特性;通过窗函数在时间上的平移得到整个非平稳信号的频率特性。其核心思想是把非平稳信号以窗函数滑动的方式变为一系列短时平稳信号。

对于非平稳信号 $s(t)$,其 STFT 定义为

$$\mathrm{STFT}_s(t,f) = \int_{-\infty}^{\infty} (s(\tau)g^*(\tau-t))\mathrm{e}^{-\mathrm{j}f\tau}\mathrm{d}\tau \qquad (2\text{-}4)$$

式中 $*$——复数共轭；

$g(t)$——窗函数，时限；

$\mathrm{e}^{-\mathrm{j}f\tau}$——频限。

通过式（2-4），得到信号 $s(t)$ 在 $t$ 刻的频率特性。因此 $\mathrm{STFT}_s(t,f)$ 是时间和频率的联合函数。图 2-6 为 STFT 的滑窗原理。实线为信号 $s(t)$，虚线为窗函数 $g^*(\tau-t)$。通过信号加窗可以得到 $t$ 时刻附近的频率特性，不断滑动窗函数，使其覆盖整个信号，实现信号 $s(t)$ 的 STFT。

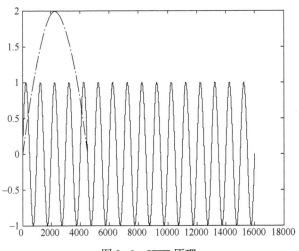

图 2-6 STFT 原理

## 2.4.2 离散短时傅里叶变换

在理论分析和研究方面多采用连续短时傅里叶变换，工程中由于信号的离散性通常使用离散短时傅里叶变换。

离散 STFT 公式：

$$S(n,k) = \sum_{m=0}^{N-1} x(m)g^*(n-m)\mathrm{e}^{\frac{-\mathrm{j}2\pi km}{N}} \qquad (2\text{-}5)$$

式中 $g(n)$——窗函数；

$S(n)$——输入信号；

$k$——频率点，$k=0,1,\cdots,N-1$；

$N$——窗函数宽度；

式（2-5）对加窗后的离散信号进行离散傅里叶变换，最终得到信号的离散 STFT。

### 2.4.3　窗函数对时频分辨率的影响

常用的窗函数有矩形窗（Rectangular 窗）、汉宁窗（Hanning 窗）、汉明窗（Hamming 窗）、布莱克曼-哈里斯窗（Blackman-Harris 窗）等。下面介绍这几种窗函数。

**1. 矩形窗**

$$w(n) = R_N(n) \tag{2-6}$$

其幅频响应的幅度函数为

$$W_R(w) = \frac{\sin\left(\frac{wN}{2}\right)}{\sin\left(\frac{w}{2}\right)} \tag{2-7}$$

**2. 汉宁窗**

$$w(n) = \begin{cases} 0.5 - 0.5\cos\left(\frac{2\pi n}{N-1}\right) & 0 \leq n \leq N-1 \\ 0 & \text{其他} \end{cases} \tag{2-8}$$

由移位特性可以把汉宁窗的频谱函数用矩形窗的频谱函数表示。其幅频响应幅度函数为

$$W(w) = 0.5 W_R(w) + 0.25 \left[ W_R\left(w - \frac{2\pi}{N-1}\right) + W_R\left(w + \frac{2\pi}{N-1}\right) \right] \tag{2-9}$$

由式（2-9）所示，经过矩形窗频谱函数相加，使得汉宁窗旁瓣互相抵消，减小旁瓣带来的影响，增大主瓣宽度。汉宁窗的优点就是能量泄漏小，集中在主瓣。

**3. 汉明窗**

$$w(n) = \begin{cases} 0.54 - 0.46\cos\left(\frac{2\pi n}{N-1}\right) & 0 \leq n \leq N-1 \\ 0 & \text{其他} \end{cases} \tag{2-10}$$

其幅频响应的幅度函数为

$$W(w) = 0.54 W_R(w) + 0.23 \left[ W_R\left(w - \frac{2\pi}{N-1}\right) + W_R\left(w + \frac{2\pi}{N-1}\right) \right] \tag{2-11}$$

汉明窗在汉宁窗的基础上进行了改进，使得旁瓣更小，能量更加集中于

主瓣，可达信号总能量的 99.96%。

**4. 布莱克曼-哈里斯窗函数：**

$$w(n) = \begin{cases} 0.42 - 0.5\cos\left(\frac{2\pi n}{N-1}\right) + 0.08\cos\left(\frac{4\pi n}{N-1}\right) & 0 \leq n \leq N-1 \\ 0 & 其他 \end{cases} \quad (2-12)$$

其幅频响应的幅度函数为

$$\begin{aligned} W(w) = & 0.42 W_R(w) + 0.25\left[W_R\left(w - \frac{2\pi}{N-1}\right) + W_R\left(w + \frac{2\pi}{N-1}\right)\right] \\ & + 0.04\left[W_R\left(w - \frac{4\pi}{N-1}\right) + W_R\left(w + \frac{4\pi}{N-1}\right)\right] \end{aligned} \quad (2-13)$$

布莱克曼-哈里斯窗通过二次谐波余弦分量的增加进一步降低旁瓣，增加主瓣宽度。这几种窗函数时域波形如图 2-7 所示，幅频响应如图 2-8 所示。

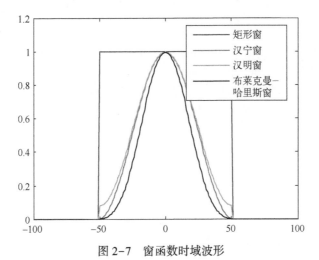

图 2-7 窗函数时域波形

从图 2-8 中，我们不难发现，矩形窗是其他窗函数的基础，具有最窄的主瓣宽度，最高的频率分辨率。但由于具有较高的旁瓣峰值和较慢的旁瓣谱峰衰减速率容易带来频谱泄漏。其余三种窗都是广义余弦窗，与矩形窗的优缺点正好相反：旁瓣小、衰减快、能量集中；主瓣宽、频率分辨率低。

最佳的窗函数应该具有最小的旁瓣峰值、最窄的主瓣宽度及最大的旁瓣峰值衰减速率。因此，不同信号应当根据不同时频分辨率的要求选择最合适的窗函数。

由前面的分析可知，不同的窗函数对 STFT 的时频分辨率的影响不同。最

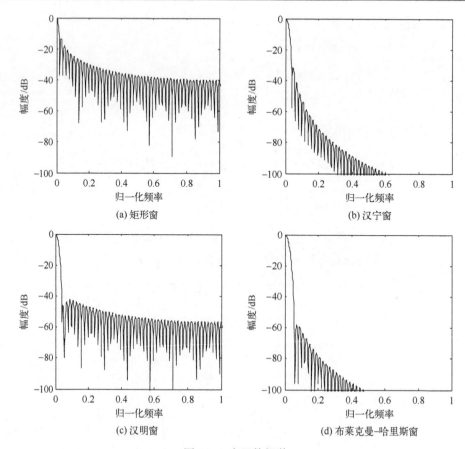

图 2-8 窗函数频谱

佳的窗函数类型确定之后，其时频分辨率还跟该窗函数的宽度有关系。宽度过大，窗内信号过长，平稳性遭到破坏，无法实现 STFT；宽度过小，信号进行滑窗处理次数增多，计算量增大，不利于算法的实时性，同时也可能造成信号的的丢失。

由式（2-5）可知，STFT 实际上是一加窗的 DFT 变换。时间分辨率 $\Delta t$ 和频率分辨率 $\Delta f$ 应满足 Heisenberg 不等式，即

$$\Delta t * \Delta f = \frac{(P*T*F)}{N} \geqslant \frac{1}{4\pi} \tag{2-14}$$

式中　$P$——分析窗滑动步长。

对信号进行 STFT 时，窗函数选定之后，应根据 $\Delta t$ 和 $\Delta f$ 的要求，选择合适的滑动步长 $P$ 和窗函数宽度 $N$。

## 2.5 图像边缘检测

目标参数提取是从回波信号数据文件到目标参数文件的处理过程，是从数字信号到物理参数的关键步骤。从降噪的回波数据中准确提取弹丸质点的时间、频率、幅度信息是整个测速雷达系统的关键。经恒虚警处理后，弹丸回波信号的信噪比得到很大的提高，可以清晰地分辨出目标的数目，但无法有效获得数据处理所需的时间速度信息。为了下一步的数据处理，必须从经过恒虚警处理的回波数据中提取目标所在的时间、速度和幅度数据，把目标回波信号数据集变换为目标参数数据集。由于在每个距离门中都存在大量的目标，因此常规的单目标处理方法不能满足要求。

每个距离门的数据集可以用时频图的形式显示，每个目标都代表图中的某块区域，这些区域恰恰是我们感兴趣的区域。数字图像处理中的目标区域检测和定位，可以有效地区分每一个感兴趣的区域，获得各个目标的数据集，并从中提取出弹迹点的时间、速度和幅度信息。通过图像边缘检测，可进行目标区域标定和有效峰值选择，从而提取目标频率、速度、时间等参数。

图像边缘是由图像中两个相邻的区域之间的图像集合组成，是指图像中一个区域的结束和一个区域的开始。也可以这么理解，图像边缘是图像中灰度值发生空间突变的像素的集合。图像边缘是指像素灰度发生阶跃变化或屋顶状变化的像素点的集合。图像边缘包含了图像大部分信息，其灰度变化剧烈。图像边缘有两个特性：方向和幅度，与边缘方向平行的灰度变化缓慢，垂直的灰度变化剧烈。边缘检测原理就是通过对图像灰度变化的度量，来定位边缘。基于函数导数能够反映灰度变化这一特性，人们提出通过求解一阶导数的极大值来定位图像边缘。梯度可以用来度量函数的变化，是二维函数的一阶导数。图像可以看做一个二维数组，其灰度变化可以用梯度来衡量。梯度定义为

$$G(x,y) = \begin{bmatrix} G_x \\ G_y \end{bmatrix} = \begin{bmatrix} \partial f/\partial x \\ \partial f/\partial y \end{bmatrix} \tag{2-15}$$

梯度幅度值和方向定义为

$$|G(x,y)| = \sqrt{G_x^2 + G_y^2} \tag{2-16}$$

$$a(x,y) = \arctan(G_y/G_x) \tag{2-17}$$

对于数字图像而言,梯度公式可近似用差分模板来表示。差分公式为

$$G_x = f[x+1,y] - f[x,y]$$
$$G_y = f[x,y+1] - f[x,y]$$
(2-18)

2×2 的一阶差分模板为

$$G_x = \begin{bmatrix} -1 & 1 \\ -1 & 1 \end{bmatrix}$$
$$G_y = \begin{bmatrix} 1 & 1 \\ -1 & -1 \end{bmatrix}$$
(2-19)

随着图像处理技术的发展,产生了许多经典的边缘检测算法,如 Sobel 算子、Isotropic Sobel 算子、Roberts 算子、Prewitt 算子和 Laplacian 算子等。这些算法的核心都是通过求解图像灰度梯度的最大值来定位图像的边缘。

### 2.5.1 Sobel 算子

Sobel 算子是通过求解图像灰度梯度的最大值来定位图像边缘的。对于数字图像,Sobel 常用两个卷积模板:

$$\begin{pmatrix} -1 & 0 & 1 \\ -2 & 0 & 2 \\ -1 & 0 & 1 \end{pmatrix} \text{和} \begin{pmatrix} -1 & -2 & -1 \\ 0 & 0 & 0 \\ 1 & 2 & 1 \end{pmatrix}$$
(2-20)

根据对水平和垂直边缘的影响,前者为水平算子,后者为垂直算子。Sobel 算子是全方向微分算子,对待测像素点的所有邻点进行加权。但不同的邻点对待测像素点的影响不是等价的。

Sobel 算子过程:首先用两个卷积模板对待测图像进行卷积运算;然后根据梯度公式得到各个像素灰度梯度值的平方;把梯度幅值平方与阈值的平方进行比较;如果某点的梯度幅值平方比阈值平方大,则认为该点为边缘点。

Sobel 算法采用单阈值判决,阈值的选取对于边缘检测的效果产生重大的影响。考虑到实际情况采用平均值加权的方法选取阈值。具体方法为:首先对图片内所有的像素值求和并求平均;把平均值再乘以加权因子作为阈值。

图像二值化就是将灰度图像转化为"0"和"1"表示的二值图像。在初速测量过程中指将边缘检测后的目标回波时频图内部和边缘的像素赋值为"1",其他部分像素赋值为"0",方便目标区域的定位。

其算法流程如图 2-9 所示。

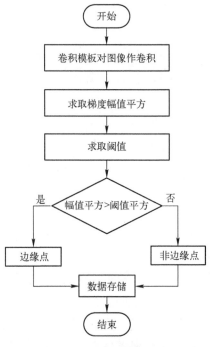

图 2-9 Sobel 算法流程

## 2.5.2 Roberts 算子

Roberts 边缘算子是一个 2×2 的模板，采用的是对角方向相邻的两个像素之差。从图像处理的实际效果来看，边缘定位较准，对噪声敏感。适用于边缘明显且噪声较少的图像分割。Roberts 边缘检测算子是一种利用局部差分算子寻找边缘的算子，Robert 算子图像处理后结果边缘不是很平滑。经分析，由于 Robert 算子通常会在图像边缘附近的区域内产生较宽的响应，故采用上述算子检测的边缘图像常需做细化处理，边缘定位的精度不是很高。在 $(i+1/2, j+1/2)$ 处差分，模板为

$$R_x = \begin{bmatrix} 1 & 0 \\ 0 & -1 \end{bmatrix}, \quad R_y = \begin{bmatrix} 0 & -1 \\ 1 & 0 \end{bmatrix} \tag{2-21}$$

## 2.5.3 Prewitt 算子

经典 Prewitt 算子认为：凡灰度新值大于或等于阈值的像素点都是边缘点。即选择适当的阈值 $T$，若 $P(i,j) \geq T$，则 $(i,j)$ 为边缘点，$P(i,j)$ 为边缘图像。

这种判定是欠合理的，会造成边缘点的误判，因为许多噪声点的灰度值也很大，而且对于幅值较小的边缘点，其边缘反而丢失了。

Prewitt 算子对噪声有抑制作用，抑制噪声的原理是通过像素平均，但是像素平均相当于对图像的低通滤波，所以 Prewitt 算子对边缘的定位不如 Roberts 算子。

$$P_x = \begin{bmatrix} -1 & 0 & 1 \\ -1 & 0 & 1 \\ -1 & 0 & 1 \end{bmatrix}, \quad P_y = \begin{bmatrix} 1 & 1 & 1 \\ 0 & 0 & 0 \\ -1 & -1 & -1 \end{bmatrix} \qquad (2-22)$$

### 2.5.4 Canny 算子

通常情况下边缘检测的目的是在保留原有图像属性的情况下，显著减少图像的数据规模。目前有多种算法可以进行边缘检测，虽然 Canny 算法年代久远，但可以说它是边缘检测的一种标准算法，而且仍在研究中广泛使用。

Canny 算法是一种被广泛应用于边缘检测的标准算法，其目标是找到一个最优的边缘检测解或找寻一幅图像中灰度强度变化最强的位置。最优边缘检测主要通过低错误率、高定位性和最小响应三个标准进行评价。Canny 算子的简要步骤如下：

（1）去噪声，应用高斯滤波来平滑图像，目的是去除噪声；

（2）梯度，找寻图像的梯度；

（3）非极大值抑制，应用非最大抑制技术来过滤掉非边缘像素，将模糊的边界变得清晰。该过程保留了每个像素点上梯度强度的极大值，过滤掉其他的值；

（4）应用双阈值的方法来决定可能的（潜在的）边界；

（5）利用滞后技术来跟踪边界。若某一像素位置和强边界相连的弱边界认为是边界，其他的弱边界则被删除。

各类算法具有不同的优缺点，相比之下，Sobel 算法通过高斯平滑和微分处理使边缘的提取效果更好。该算法运算简单，易于硬件实现并且能够实时处理，最重要的是对噪声具有一定的鲁棒性。因此，通常采用 Sobel 算子对高射频弹丸数据目标区域进行边缘检测。

# 第 3 章  目标飞行特性分析

高射频火炮通常采用多管轮发的方式，其射频往往很高。在极短的发射时间内，雷达回波存在大量目标，如何对这些目标进行分辨是测速雷达系统的关键。

## 3.1  单目标飞行特性分析

弹道学中经常说的弹丸初速并不是弹丸出膛时的瞬时速度 $v_g$，而是假设的一个虚拟速度 $v_0$。弹丸出膛后的一小段时间，火药气体对弹丸仍有作用力，推动弹丸继续加速飞行。当火药气体的作用力消失，弹丸以最大速度 $v_m$ 进入自由飞行状态。从弹丸出膛到进入自由飞行状态之间的阶段，叫做弹丸的后效期。后效期内弹丸受力复杂，难于计算，且一般持续时间较短，因此测量弹丸初速往往都是对后效期结束后的弹道进行测量。弹丸进入自由飞行状态后，只受到空气阻力和自身重力的作用，速度逐渐减小。如图 3-1 所示，显然 $v_0 > v_m > v_g$。

高射频弹丸出膛后，各弹丸彼此之间可以看做互相独立互不影响的个体，其飞行规律服从弹道理论。由于测速雷达测量后效期结束后的弹道，所以只对弹丸自由飞行时期的飞行特性进行研究。

弹丸在飞行后效期结束后的自由飞行阶段，由于只受到空气阻力及自身重力的作用，弹丸做减速运动。弹丸一般满足质量均匀，几何形状关于轴对称的条件，因此在飞行过程中所受的空气阻力和自身重力都作用于弹丸的质心。在标准气象条件下，可以把弹丸目标近似为质点，以质点弹道方程对其运动规律进行研究。

图 3-1 为弹丸目标在自由飞行阶段的飞行轨迹。弹丸出炮口的瞬时速度为 $v_g$，射角为 $\theta_0$，飞行后效期结束速度，即自由飞行阶段起始速度为 $v_m$，弹丸瞬时速度为 $v$，弹丸瞬时径向速度为 $v_r$，飞行方向与波束径向夹角为 $\theta$。

靶场实验中通常按照图 3-1 进行测速雷达的布站，射角在合理的范围内，高射频弹丸单目标的飞行轨迹如图 3-1 所示。弹丸在自由飞行阶段，做最大

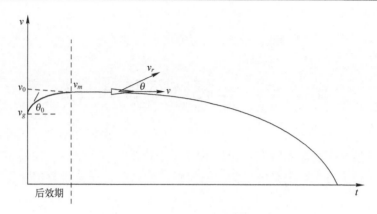

图 3-1　单个目标飞行轨迹

速度为 $v_m$ 的减速运动。对于高射频弹丸，射频高，测量时间短，其加速度变化比较小。因此，在测量的较短时间间隔内，高射频弹丸在自由飞行阶段的飞行规律近似符合匀加速运动模型。

空气阻力加速度引起弹丸水平方向速度的减小，重力加速度引起弹丸垂直高低的降低，在这里只考虑空气阻力加速度的影响。使用匀加速运动模型进行建模：

速度公式：

$$v_l = v_m + at \tag{3-1}$$

距离公式：

$$d = v_m t + \frac{1}{2}at^2 \tag{3-2}$$

式中　$v_l$——$t$ 时刻水平方向的瞬时速度；

　　　$a$——空气阻力加速度；

　　　$d$——$t$ 时刻飞行的距离；

　　　$v_m$——自由飞行阶段的最大速度。

## 3.2　连发弹丸飞行特性分析

单个目标在测量的较短时间内符合匀加速运动模型，火炮弹丸顺序发射，各个弹丸在飞行过程中互不影响，各自符合匀加速运动模型。考虑到高射频连发带来的炮身震动，炮口火焰以及弹药和弹膛磨损等情况，弹丸的初速、加速度和飞行时间均不相同，连发弹丸发射后的飞行轨迹较为复杂。

高射频武器往往采用脱壳穿甲弹作为弹药，弹丸出炮口后，弹芯、卡瓣和底托分离。弹芯、卡瓣、底托分离后各自作减速运动，三者初速相同，飞行时间也相同。但由于本身的形状，大小，质量不同，所受空气阻力不同，因而加速度不同。通过查阅资料已知，弹芯加速度最小，卡瓣加速度最大，底托加速度介于两者之间，与弹芯较为接近。

因此，高射频弹丸连续发射形成的群目标，其飞行特性较为复杂，采用仿真的形式对其进行分析。

假设弹丸的射角 $\theta=0$，初速为自由飞行阶段的最大速度。弹丸最高射频 $n=6000$ 发/分；弹丸发射间隔为 $t_s=0.01\text{s}$；弹丸初速 $v_0=800\text{m/s}$，那么底托、卡瓣初速与弹芯相同均为 $v_0$；弹芯加速度 $a_1=-200\text{m/s}^2$，底托加速度 $a_2=-400\text{m/s}^2$，卡瓣加速度 $a_3=-1000\text{m/s}^2$；测量有效时间 $t=1\text{s}$；弹丸初速或然误差为 $0.1\%\sim 3\%$。以连续发射 30 发弹为例，假设每发弹只含 1 个弹芯、1 个底托、1 个卡瓣，使用 MATLAB 软件进行仿真。

## 3.3 弹丸飞行特性仿真

图 3-2 是 30 发弹丸连续发射的飞行轨迹仿真，弹丸初速 $v_0=800\text{m/s}$，有效测试时间 $t=1\text{s}$。该弹丸包括 1 个弹芯、1 个卡瓣和 1 个底托，红色线代表弹芯飞行轨迹，黑色线代表底托飞行轨迹，蓝色线代表卡瓣飞行轨迹。在有效测试时间内，三者加速度不同，速度减小量不同，弹芯和底托的速度下降量相对比较小。

图 3-3 是时间和速度维的轨迹。弹丸按先后顺序发射，各自具有不同的加速度，导致速度变化大小不一，具有不同的多普勒频率。在有效测试时间内，弹芯与底托、卡瓣的速度值相差比较大，采用时频方法可以实现三者的区分。但弹芯的速度下降量变化比较小，容易造成速度模糊，图 3-3 中红线所示。所以单纯采用时频分辨不能实现准确区分弹丸群目标的目的。

高射速武器采用多管轮发体制，其各管状态不同会导致发射弹丸速度不同；此外由于弹丸性能、弹药性能、炮膛性能等原因，高射频连续发射时弹丸速度散布较为明显。从图 3-4 可见，速度在 800m/s 附近散布。炮口速度散布容易引发弹丸速度模糊，使得单纯采用时频分析的方法无法有效实现对多个弹芯、卡瓣和底托的分辨。

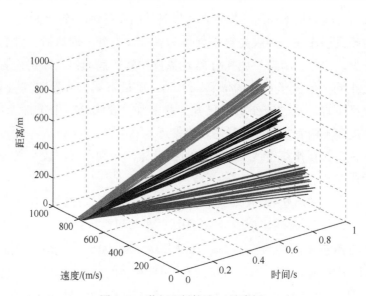

图 3-2 弹丸飞行轨迹（见彩插）

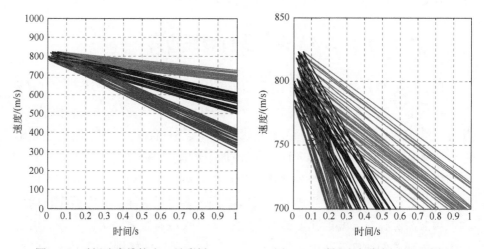

图 3-3 时间速度维轨迹（见彩插）　　图 3-4 时间速度放大图（见彩插）

高射频弹丸连续发射，各弹丸按发射先后顺序在雷达回波波束内有着不同的飞行时间和飞行距离。如图 3-5 中红黑蓝三线所示。可以采用不同时间上弹丸飞行距离远近的方法进行多目标分辨，即时间—距离分辨。

从图 3-6 可见，无论是弹芯还是底托、卡瓣，均存在两条线交叉的现象，这是由于存在速度散布，出现弹丸目标追赶现象：前后两发弹丸速度和加速

## 第3章 目标飞行特性分析

度大小不同，前者慢，后者快，经过不同的飞行时间却在同一时刻到达相同的位置。因此仅靠时间—距离分辨无法完全识别所有弹丸轨迹。

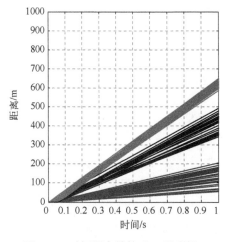

图3-5 时间距离维轨迹（见彩插）

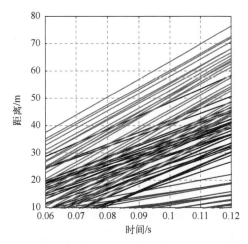

图3-6 时间距离放大图（见彩插）

由于存在速度散布，不同条件下散布率不同，表3-1中给出了4种初速或然误差。初速或然误差不同对应的速度散布也不同。追赶时间是后一发速度较快的弹丸，追上前一发速度较慢的弹丸所用的时间。飞行距离是后一发弹丸追上前一发弹丸时所在位置与炮口的距离。速度散布是对应或然误差下的初速波动范围。追赶距离是前后弹丸出炮口后的间隔距离，用标称初速和射弹间隔可以求出。当 $\sigma=3\%$，初速分别为 $v_1=776\mathrm{m/s}$，$v_2=824\mathrm{m/s}$。

表3-1 速度散布分析

| 理论初速/(m/s) | 或然误差/$\sigma$ | 速度散布/(m/s) | 追赶距离/m | 追赶时间/s | 飞行距离/m |
|---|---|---|---|---|---|
| 800 | 3% | ±24 | 8 | 0.17 | 141 |
| 800 | 1% | ±8 | 8 | 0.5 | 404 |
| 800 | 0.5% | ±4 | 8 | 1 | 804 |
| 800 | 0.1% | ±0.8 | 8 | 5 | 4004 |

根据目标飞行特性分析，前两种情况下，两目标距离炮口较近，由于速度相差较大，采用时频方法容易区分。而后两种情况，速度相差不大，但在有效测量区间内，其距离始终有一定偏差，采用时间距离分辨可以区分。综上分析，可以采用时间—距离—频率三维联合分辨的方法，对高射频弹丸群目标进行分辨。

# 第4章 雷达信号设计

## 4.1 信号设计思路

连续波雷达通常具有良好的速度测量能力,在弹道测试中发挥着重要的作用。但连续波测量雷达的距离测量性能取决于其发射信号调制方式。相比线性调频信号而言,相位编码信号具有类似于图钉型的模糊图。理想图钉型模糊函数不存在距离和多普勒耦合,能给出良好的邻近目标的距离和速度分辨能力及测距、测速精度。综合两者的优势,本书以伪码调相连续波信号为基本信号形式,设计群目标分辨雷达信号。图4-1、图4-2分别给出了伪码调相信号的模糊图、伪随机码及调制后的发射波形。

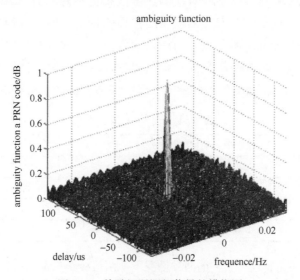

图4-1 伪随机码调相信号的模糊图

但是单一形式的伪码调相连续波信号不能满足分辨力可变的要求的。针对这一情况,本书从复合调制的角度出发,设计了一种复合伪码调相连续波信号,来实现测量。

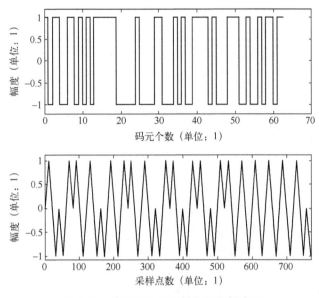

图 4-2 伪随机码及调制后的发射波形

## 4.2 常用信号对比分析

一般情况下,常用的信号形式主要包括线性调频信号、伪码调相信号等,这些信号都是为提高分辨能力,从简单的脉冲信号发展而来,并得到广泛应用。但是,随着应用对象日益复杂化,单一的线性调频信号或伪码调相信号等简单的信号形式,越来越不能满足用户对信号分辨率的需求。

面对此问题,复杂、复合波形的设计逐渐成为了当前引信和雷达领域都在研究的热点问题之一。由于伪码信号具有较好的抗干扰性能和测距性能[30-32],因此被广泛应用于复合调制信号的研究中,如:文献[33-36]等充分研究了伪码信号与线性调频信号复合调制的信号形式,并分析了这种复合信号的特性,说明了其较单一伪码信号或线性调频信号具有更高的测距精度、更好的低截获性能和多普勒性能等优点;文献[37]研究了伪码调相信号与PAM复合调制的测距系统;文献[38]研究了伪随机脉位调制与单极性伪码调相复合调制的一种引信等。当然,伪码信号与其他信号的复合还有很多种类型,包括伪码信号与正弦调频信号[39]、伪码信号与脉冲多普勒信号[40]、伪码信号与二次调频信号进行复合调制[41]等。针对复合测距伪码信号，文献［42］还讨论了复合测距码的参数选择准则，介绍了复合测距码的构造原理等。

这些文献的研究主要体现在复合信号的类型和特性分析上。信号的复合形式也主要集中在伪码信号的码元内或码元间复合其他信号。虽然，这些信号在不同的领域内得到了一定的认可，但是针对不同时间段内具有不同速度和数量分布的群目标，这些信号形式均难以同时满足测量中变速度分辨力和距离分辨力要求。

为此，本章提出了一种复合伪码连续波信号。与其他信号不同：在信号选择上，复合伪码连续波信号是以连续波信号为载体，采用伪码与伪码复合的信号形式；在复合形式上，该信号并不是码内或码间的复合，而是基于一种载波的多种伪码调相连续波的正交组合形式。这种信号兼具各子伪码连续波信号的优点，能够较好地适用于群目标的测量。

在进行群目标初速测量时，发射机同时发射不同序列调制的复合伪码连续波信号，在接收端分别用相应的子码信号对回波信号进行解调。每个子码信号具有不同的距离分辨率和速度分辨率。对解调结果进行分析，将每一种解调结果分成若干个时间段，并从各个时间段内选取解调效果较好的结果作为有效值，然后通过其他测量值对有效值做进一步修正和分析，从而得到距离分辨率和速度分辨率都比较满意的结果，满足群目标分辨雷达变分辨力的要求。

## 4.3　复合伪码连续波信号的设计

复合伪码连续波信号的整体形式表示如下：

$$s(t) = \sum_{i=1}^{M} \sum_{m=1}^{P_i} u_i(t - mT_i - h_i P_i T_i) \exp(j2\pi f_0 t) \tag{4-1}$$

式中　$M$——参与调制的伪码序列的个数；

$T_i$——第 $i$ 个伪码序列的码元宽度；

$P_i$——第 $i$ 个伪码序列的码长位数；

$f_0$——发射信号的载频；

$u_i$——第 $i$ 个伪码序列的包络；

变量 $h_i$——$(0,t)$ 时刻内包含整周期的第 $i$ 个伪码序列的个数，时间 $t$ 是连续的，满足 $t>0$ 即可。$h_i$ 有如下关系式，式中 [·] 表示取整函数：

$$h_i = \left[\frac{t}{P_i T_i}\right] \tag{4-2}$$

$u_i$ 有如下关系：

$$u_i(t-mT_i-h_i P_i T_i) = \begin{cases} 1, & 0<t-mT_i-h_i P_i T<T_i \\ 0, & \text{其他} \end{cases} \tag{4-3}$$

由于群目标初速测量中，弹托、卡瓣、弹芯等目标速度分布较大，为避免速度和距离同时模糊，在设计信号时，首先考虑无距离模糊，以便区分目标。为满足这一要求，有如下关系式：$cP_i T_i = R_{\max}$；其中，$c$ 表示光速，$R_{\max}$ 表示目标分散的最大距离。同时，$M$ 应该满足回波信号的信噪比不小于雷达接收机的识别系数，公式表示如下：

$$\sum_{i=1,k=1,k\neq i}^{M} P_{S_i S_k} \leq \frac{P(S)}{F_M} - \omega_n \tag{4-4}$$

式中 $P(S)$——接收机端的信号功率；

$F_M$——接收机的识别系数，由接收机性能决定；

$\omega_n$——接收机端由系统和环境引起的噪声功率；

$\sum_{i=1,k=1,k\neq i}^{M} P_{S_i S_k}$——接收机端由于子信号相关性引起的码间干扰噪声功率。两部分噪声均属于平稳随机过程，噪声总功率采用两者功率和的表示形式。

复合伪码连续波信号还可以表示为伪码连续波信号的组合形式，其中，$C_i$ 表示一个伪码序列。其具体形式如下所示：

$$s(t) = \sum_{i=1}^{M} s_i(t) = \sum_{i=1}^{M} C_i(t)\exp(j2\pi t) \tag{4-5}$$

$$C_i = \sum_{m=1}^{P_i} u_i(t - mT_i - h_i P_i T_i) \tag{4-6}$$

该信号需要满足如下要求：

（1）正交性。在选择伪码序列时，要求各个序列之间正交或者准正交，以便降低子信号引起的码间干扰。

（2）多分辨率。针对测量雷达变分辨率的要求，所选信号需具有不同的距离分辨率 $\Delta d_i$ 和多普勒分辨率（速度分辨率）$\Delta f_i$。

下面通过相关特性与模糊特性分析，证明复合伪码连续波信号具有所要求的正交性和多分辨率的特性。

## 4.4 复合伪码连续波信号的相关特性分析

为避免或降低该信号中各个子信号之间的相互干扰，要求所选码序列正交或准正交。本节将从相关特性的角度，分析复合伪码连续波信号的正交性要求。

为了分析确定信号 $x(t)$ 和它时移后 $x(t-\tau)$ 的相似度或差别，通常用自相关函数表示：

$$R_x = \int_{-\infty}^{\infty} x(t)x(t-\tau)\mathrm{d}t \tag{4-7}$$

故信号的自相关函数可以表示为

$$R_x = \int_{-\infty}^{\infty} s^*(t)s(t-\tau)\mathrm{d}t \tag{4-8}$$

将上述式（4-1）代入式（4-8）中可以得到：

$$\begin{aligned}R_x &= \int_{-\infty}^{\infty} \sum_{i=1}^{M}\sum_{m=1}^{P_i} u_i(t-mT_i-h_iP_iT_i)\exp(-\mathrm{j}2\pi t)\\&\quad \times \sum_{i=1}^{M}\sum_{m=1}^{P_i} u_i(t-\tau-mT_i-h_iP_iT_i)\exp(\mathrm{j}2\pi t)\exp(-\mathrm{j}2\pi\tau)\mathrm{d}t\\&= \int_{-\infty}^{\infty} \sum_{i=1}^{M}\sum_{m=1}^{P_i} u_i(t-\tau-mT_i-h_iP_iT_i)\exp(-\mathrm{j}2\pi\tau)\\&\quad \times \sum_{i=1}^{M}\sum_{m=1}^{P_i} u_i(t-mT_i-h_iP_iT_i)\mathrm{d}t\end{aligned} \tag{4-9}$$

将式（4-5）代入式（4-8）还可以得到：

$$\begin{aligned}R_x &= \int_{-\infty}^{\infty} s^*(t)s(t-\tau)\mathrm{d}t\\&= \int_{-\infty}^{\infty} \sum_{i=1}^{M} C_i(t)\exp(-\mathrm{j}2\pi t) \times \sum_{i=1}^{M} C_i(t-\tau)\exp(\mathrm{j}2\pi t)\exp(-\mathrm{j}2\pi\tau)\mathrm{d}t\\&= \int_{-\infty}^{\infty} \sum_{i=1}^{M} C_i(t) \times \sum_{i=1}^{M} C_i(t-\tau)\exp(-\mathrm{j}2\pi\tau)\mathrm{d}t\end{aligned} \tag{4-10}$$

式（4-9）和式（4-10）还可以表示为如下形式：

$$R_x = \int_{-\infty}^{\infty} s^*(t)s(t-\tau)\mathrm{d}t$$

## 第4章 雷达信号设计

$$= \int_{-\infty}^{\infty} \sum_{i=1}^{M} C_i(t) \times \sum_{i=1}^{M} C_i(t-\tau) \exp(-\mathrm{j}2\pi\tau) \mathrm{d}t$$

$$= \int_{-\infty}^{\infty} \Big( \sum_{i=1}^{M} C_i(t) C_i(t-\tau) + \sum_{i\neq k, i=1, k=1}^{M} C_i(t) C_k(t-\tau) \Big) \exp(-\mathrm{j}2\pi\tau) \mathrm{d}t$$

$$= \int_{-\infty}^{\infty} \sum_{i=1}^{M} C_i(t) C_i(t-\tau) \exp(-\mathrm{j}2\pi\tau) \mathrm{d}t$$

$$+ \int_{-\infty}^{\infty} \sum_{i\neq k, i=1, k=1}^{M} C_i(t) C_k(t-\tau) \exp(-\mathrm{j}2\pi\tau) \mathrm{d}t$$

$$= \Big( \sum_{i=1}^{M} R_{x_i x_i} + \sum_{i\neq k, i=1, k=1}^{M} R_{x_i x_k} \Big) \exp(-\mathrm{j}2\pi\tau)$$

设 $R_A = \sum_{i=1}^{M} R_{x_i x_i} \exp(-\mathrm{j}2\pi\tau)$，$R_B = \sum_{i\neq k, i=1, k=1}^{M} R_{x_i x_k} \exp(-\mathrm{j}2\pi\tau)$ 则有

$$R_x = R_A + R_B \tag{4-11}$$

从式（4-11）中可以看出，相关后的输出，主要包括自相关项 $R_A$ 和互相关项 $R_B$ 两部分。其中，$R_A$ 为检出的目标回波，应尽量提高其幅度；$R_B$ 为码间干扰，其大小是相关特性的主要指标，应尽量选择合适的码型、码长和周期，降低其幅度。

式（4-11）也说明，复合伪码连续波信号的相关特性主要受伪码序列互相关的影响。由于复合伪码连续波信号中子伪码序列的码长、码钟并不相同，因此信号中各个子信号的伪码调制周期各不相同。解调时，用每一种子码型分别对回波信号进行解调。码型和距离门匹配上的信号将被解调，不能匹配的信号将成为码间干扰。因此，还需详细考虑子码信号与复合伪码信号的互相关问题。

为便于分析，本书建议分析的信号长度选取信号周期的最小公倍数。各通道面临的情况相同，接收处理时只需看一个通道，因此不失一般性，可以从复合伪码连续波信号中，任选一个码型子信号，分析它与其他信号的相关情况。下面以任意两个码型的伪码序列的互相关为例进行分析，分析过程如下：

假设复合信号 $s(t)$ 中含有 $M$ 个伪码序列（$C_1$、$C_2$、$C_3$、$\cdots$、$C_M$），从中任取两个信号 $C_i$、$C_k$，其中 $i, k \in (1, M)$ 且 $i \neq k$。设 $C_i$ 的码长为 $P_i$，$C_k$ 的码长为 $P_k$，$P_i$ 与 $P_k$ 的最小公倍数为 $P_m$。两个伪码序列的互相关用离散的形式表示如下：

$$R_{C_iC_k}(\tau) = \sum_{l=0}^{P_m-1} \dot{C}_i(l)\, \dot{C}_k(l+\tau) \qquad (4\text{-}12)$$

式中：若 $\alpha = P_m/P_i$，$\beta = P_m/P_k$；则 $\dot{C}_i$ 为 $\alpha$ 个周期的 $C_i$ 序列，$\dot{C}_k$ 为 $\beta$ 个周期的 $C_k$ 序列。经过分析子信号的互相关性可知：为保证子信号具有较好的正交性，避免相互间的干扰，在选取序列时，要尽量使得 $|R_{C_iC_k}|$ 接近零。

## 4.5 复合伪码连续波信号的模糊特性分析

### 4.5.1 模糊特性分析

模糊函数说明了信号的目标分辨能力、模糊度、测量精度和杂波抑制能力等问题。下面将对文中设计的复合伪码连续波信号的模糊函数进行分析，文中信号的模糊函数表示如下：

$$X(\tau, f_d) = \int_{-\infty}^{\infty} s^*(t) s(t+\tau) \exp(\mathrm{j}2\pi f_d t)\, \mathrm{d}t \qquad (4\text{-}13)$$

将式 (4-5) 代入式 (4-13) 中可以得到：

$$\begin{aligned}
X(\tau, f_d) &= \int_{-\infty}^{\infty} s^*(t) s(t+\tau) \exp(\mathrm{j}2\pi f_d t)\, \mathrm{d}t \\
&= \int_{-\infty}^{\infty} \sum_{i=1}^{M} C_i(t) \times \sum_{i=1}^{M} C_i(t+\tau) \exp(\mathrm{j}2\pi f_d t) \exp(\mathrm{j}2\pi \tau)\, \mathrm{d}t \\
&= \int_{-\infty}^{\infty} \left( \sum_{i=1}^{M} C_i(t) C_i(t+\tau) + \sum_{i=1, k=1, i\neq k}^{M} C_i(t) C_k(t+\tau) \right) \\
&\quad \exp(\mathrm{j}2\pi f_d t) \exp(\mathrm{j}2\pi \tau)\, \mathrm{d}t \\
&= \int_{-\infty}^{\infty} \sum_{i=1}^{M} C_i(t) C_i(t+\tau) \exp(\mathrm{j}2\pi f_d t) \exp(\mathrm{j}2\pi \tau)\, \mathrm{d}t \\
&\quad + \int_{-\infty}^{\infty} \sum_{i=1, k=1, i\neq k}^{M} C_i(t) C_k(t+\tau) \exp(\mathrm{j}2\pi f_d t) \exp(\mathrm{j}2\pi \tau)\, \mathrm{d}t \\
&= \sum_{i=1}^{M} \int_{-\infty}^{\infty} C_i(t) C_i(t+\tau) \exp(\mathrm{j}2\pi f_d t) \exp(\mathrm{j}2\pi \tau)\, \mathrm{d}t \\
&\quad + \sum_{i=1, k=1, i\neq k}^{M} \int_{-\infty}^{\infty} C_i(t) C_k(t+\tau) \exp(\mathrm{j}2\pi f_d t) \exp(\mathrm{j}2\pi \tau)\, \mathrm{d}t \\
&= \sum_{i=1}^{M} X_{s_i}(\tau, f_d) + \sum_{i=1, k=1, i\neq k}^{M} \int_{-\infty}^{\infty} C_i(t) C_k(t+\tau) \exp(\mathrm{j}2\pi f_d t) \exp(\mathrm{j}2\pi \tau)\, \mathrm{d}t
\end{aligned}$$

$$(4\text{-}14)$$

令：

$$X_1 = \sum_{i=1}^{M} X_{s_i}(\tau, f_d),$$

$$X_2 = \sum_{i=1, k=1, i \neq k}^{M} \int_{-\infty}^{\infty} C_i(t) C_k(t+\tau) \exp(j2\pi f_d t) \exp(j2\pi\tau) dt$$

则式（4-14）可记为如下形式：

$$X(\tau, f_d) = X_1 + X_2 \tag{4-15}$$

结合式（4-14）和式（4-15），可知，文中所用信号的模糊函数是由各个子信号的模糊函数 $X_1$ 和一个干扰项 $X_2$ 组成的。

从零点位置更容易分析出信号的干扰和模糊情况：

$f_d = 0$ 时，有如下结果：

$$X(\tau, 0) = R_x^*(\tau) \tag{4-16}$$

$\tau = 0$ 时，有：

$$X(0, f_d) = \sum_{i=1}^{M} \int_{-\infty}^{\infty} C_i^2 \exp(j2\pi f_d t) dt + \sum_{i=1, k=1, i \neq k}^{M} \int_{-\infty}^{\infty} C_i C_k \exp(j2\pi f_d t) dt \tag{4-17}$$

$\tau = 0, f_d = 0$，有：

$$X(0,0) = \sum_{i=1}^{M} C_i^2 + \sum_{i=1, k=1, i \neq k}^{M} C_i C_k \tag{4-18}$$

从式（4-18）可以观测信号幅度的大小，从式（4-16）和式（4-17）中可以观测信号的主副瓣比。这些内容都决定了信号的可检测性。

## 4.5.2 复合伪码连续波信号的伪模糊函数分析

分析复合伪码连续波信号的模糊函数，可以全面地了解复合伪码连续波信号的特性。但是，在实际解调处理中，接收通道是针对其中一种码型的信号的，而回波中是包含发射信号所有码型信号的。因此，考虑接收通道一种信号与发射信号的模糊特性很有必要。这种考虑方法与模糊函数的方法一样，但是由于回波信号与接收通道的本地码并不一致，因此在本文中称之为"伪模糊函数"。下面对复合伪码连续波信号的伪模糊函数进行分析。

假设接收通道对应的伪码序列为 $C_i(1 \leq i \leq M)$，其对应的子信号记为 $S_i$，那么伪模糊函数可用下式表示：

$$\widetilde{X}_i(\tau, f_d) = \int_{-\infty}^{\infty} s_i^*(t) s(t+\tau) \exp(j2\pi f_d t) dt \quad (4-19)$$

将式（4-5）代入式（4-19），进行展开计算，可得：

$$\begin{aligned}\widetilde{X}_i(\tau, f_d) &= \int_{-\infty}^{\infty} C_i(t) \sum_{k=1}^{M} C_k(t+\tau) \exp(j2\pi f_d t) \exp(j2\pi\tau) dt \\ &= \int_{-\infty}^{\infty} C_i(t) C_i(t+\tau) \exp(j2\pi f_d t) \exp(j2\pi\tau) dt \\ &\quad + \sum_{k=1, k\neq i}^{M} \int_{-\infty}^{\infty} C_i(t) C_k(t+\tau) \exp(j2\pi f_d t) \exp(j2\pi\tau) dt \\ &= X_{s_i}(\tau, f_d) + \sum_{k=1, k\neq i}^{M} \int_{-\infty}^{\infty} C_i(t) C_k(t+\tau) \exp(j2\pi f_d t) \exp(j2\pi\tau) dt \end{aligned}$$
$$(4-20)$$

从零点位置更容易分析出信号的干扰和模糊情况：

$f_d = 0$ 时，有如下结果：

$$\widetilde{X}_i(\tau, 0) = X_{s_i}(\tau, 0) + \sum_{k=1, k\neq i}^{M} R^*_{x_i x_k}(\tau) \quad (4-21)$$

$\tau = 0$ 时，有：

$$\widetilde{X}_i(0, f_d) = X_{s_i}(0, f_d) + \sum_{k=1, k\neq i}^{M} \int_{-\infty}^{\infty} C_i(t) C_k(t) \exp(j2\pi f_d t) dt \quad (4-22)$$

$\tau = 0, f_d = 0$，有：

$$\widetilde{X}_i(0, 0) = X_{s_i}(0, 0) + \sum_{k=1, k\neq i}^{M} \int_{-\infty}^{\infty} C_i(t) C_k(t) dt \quad (4-23)$$

从式中可以分析出：伪模糊函数各处的功率是子信号功率与相干引起的平均噪声功率的和，可表示如下：

$$P_{\widetilde{X}_i}(\tau, f_d) = P_{X_{s_i}}(\tau, f_d) + \sum_{k=1, k\neq i}^{M} E(P_{ik}(\tau, f_d)) \quad (4-24)$$

从分析中还可以看出：子信号正交性越好，伪模糊函数越接近于子信号本身的模糊函数。从复合伪码连续波信号的模糊函数和伪模糊函数，以及相关性的分析结果中，可以确定复合伪码连续波信号的子信号的码间干扰程度，也可以确定子信号的个数 $M$。根据式（4-4）、式（4-11）和式（4-24）可知：

$$\sum_{i=1, k=1, k\neq i}^{M} P_{S_i S_k} = R_B = \sum_{k=1, k\neq i}^{M} E(P_{ik}(\tau, f_d)) \quad (4-25)$$

因此，子信号的个数 $M$ 满足的条件还可以表示为

$$\sum_{k=1,k\neq i}^{M} E(P_{ik}(\tau,f_d)) \leq \frac{P(S)}{F_M} - \omega_n \tag{4-26}$$

## 4.6 目标回波建模与仿真

### 4.6.1 目标回波建模

弹丸对雷达波束进行反射，使得回波信号携带着由于目标移动引起的多普勒频移。通过测量多普勒频移可以得到弹丸的径向速度。因此了解弹丸目标的回波特性是实现雷达测速的关键。目标的回波类型是由雷达的分辨力和目标的尺寸决定的，考虑到弹丸目标的尺寸都远远小于雷达的距离分辨力，所以高射频弹丸的回波特性可以用点回波模型来研究。

高射频弹丸测速雷达采用连续波伪码调相体制。假设单目标的发射信号为

$$s_t(t) = c(t)e^{j2\pi f_c t} \tag{4-27}$$

式中　$c(t)$——调制信号；
　　　$f_c$——发射频率。

则回波信号的表达式为

$$s_b(t) = c(t-\tau)e^{-j2\pi f_c t} \tag{4-28}$$

式中　$\tau$——回波时延。

$\tau$ 的表达式为

$$\tau = \frac{2R}{c} \tag{4-29}$$

式中　$R$——雷达作用距离；
　　　$c$——电磁波传播速度。

在测量有效时间内，单目标包括弹芯、底托、卡瓣，如果连续发射多个弹丸，雷达波束内会同时存在密集的目标。因此，高射频弹丸连续发射的回波模型是包含多个弹丸的弹芯、底托、卡瓣的群目标模型。如何实现群目标的分辨是测速雷达的关键。

连续发射的弹丸按时间先后顺序出炮口，在回波中表现为单目标回波在时间上的叠加。因此，连续发射弹丸的回波信号表达式为

$$s_r(t) = \sum s_b(t) \tag{4-30}$$

### 4.6.2 单目标回波仿真

弹芯或卡瓣目标对雷达发射的电磁波进行反射,目标回波信号携带着由于目标移动引起的多普勒频移进入接收天线后,先由相干本振变换成基带信号,基带信号与移位后的本地伪随机码进行相关解调,经过 FFT 处理,就可获得目标的距离及速度信息。

高射频弹丸测速雷达采用连续波伪码调相的方式对目标的距离进行测量。连续波测距伪随机码及其调制后的发射波形如图 4-3 所示。

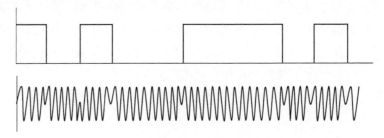

图 4-3 伪随机码及调制后的发射波形

可见,其发射功率在时域内是平稳的,没有幅度变化,因而也没有峰值功率。而在频域内,载波得到抑制,频谱展宽,具有好的抗干扰性能。

m 序列是典型的伪随机序列,采用 m 序列对回波进行仿真。应用 MATLAB 的 SIMULINK 软件进行建模。对信号处理的仿真建模是将若干个模块通过逻辑连接实现的,单目标回波仿真主要包括单目标回波产生模块、距离门相关模块、频谱分析模块。下面对主要模块进行介绍。

**1. 距离门相关模块**

距离门相关模块产生经过移位的本地伪随机码信号。距离门相关处理的示意图如图 4-4 所示。

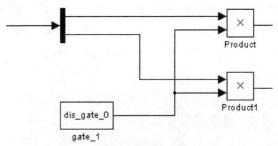

图 4-4 距离门相关处理示意图

## 2. 单目标回波产生模块

单目标回波产生模块：模拟单目标的运动参数产生单目标回波信号。单目标回波产生框图如图 4-5 所示。

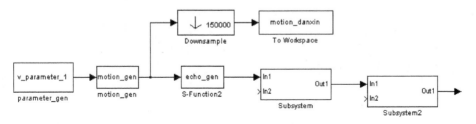

图 4-5　单目标回波产生框图

假设空间中存在一枚弹芯目标，雷达、目标位置关系图如图 4-6 所示。

仿真参数如下：弹芯目标初速 $v_0 = 1200\text{m/s}$；加速度 $a_1 = -150\text{m/s}^2$；发射时间间隔 $t_s = 2\text{ms}$；伪码码钟 $f_\Delta = 25\text{MHz}$；伪码码长 $P = 255$；采样率 $f_0 = 300\text{MHz}$。

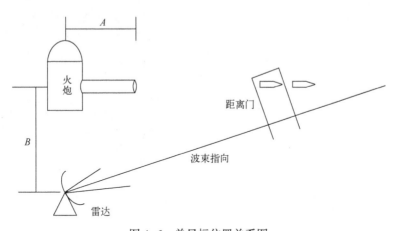

图 4-6　单目标位置关系图

图 4-7 是生成的 m 序列信号，图 4-8 是目标回波的基带信号，可以看出目标回波信号是带伪码调制的一个多普勒单频信号。

如果目标的径向距离在进行相关处理的距离门范围内，相关处理后的信号波形如图 4-9（a）所示。如果目标的径向距离在进行相关处理的距离门范围外，相关处理后的信号波形如图 4-9（b）所示。

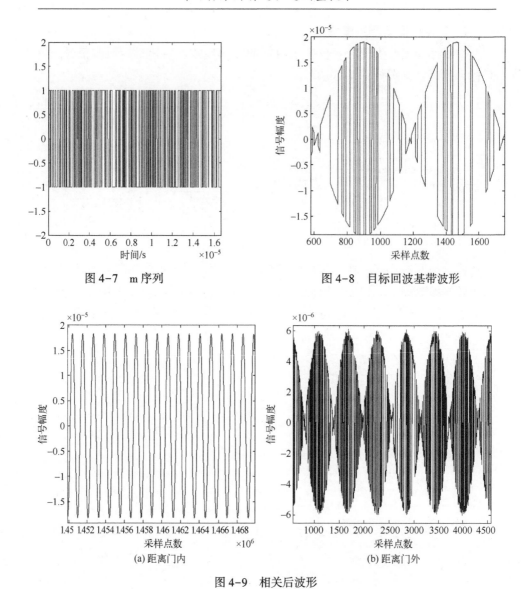

图 4-7 m 序列

图 4-8 目标回波基带波形

(a) 距离门内

(b) 距离门外

图 4-9 相关后波形

  图 4-10（a）是图 4-9（a）对应的频谱图，可以看出是理想的多普勒单频信号的频谱；图 4-10（b）是图 4-9（b）对应的频谱图，可以看出是带伪码调制的多普勒信号的频谱，该频谱是伪随机码频谱经过平移后的结果。

  以上的分析表明，可以在距离维通过多个距离门并行相关处理对距离不同的目标进行区分，在速度维上通过对相关处理后的信号进行 FFT 处理对距

## 第4章 雷达信号设计

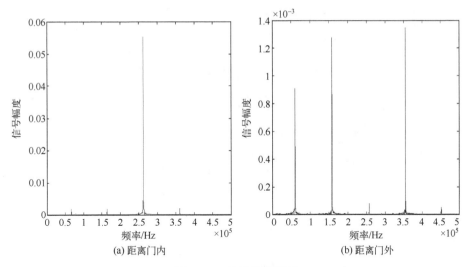

(a) 距离门内     (b) 距离门外

图 4-10 单目标频谱图

离接近速度不同的目标进行区分。但是由如图 4-10 所示的结果可以分析出，相关处理后距离门范围外的目标的回波信号频谱存在"泄漏"现象，会影响距离门范围内目标的检测。

### 4.6.3 群目标回波仿真

假设发射一枚弹丸包括一个弹芯和一个卡瓣。雷达、目标位置关系图如图 4-11 所示。

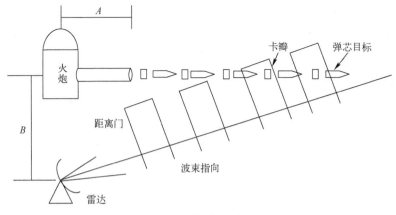

图 4-11 目标位置关系图

41

群目标仿真模块与单目标大致相同，增加了卡瓣回波的产生和并行的6个距离门相关模块。群目标回波产生模块如图4-12所示。

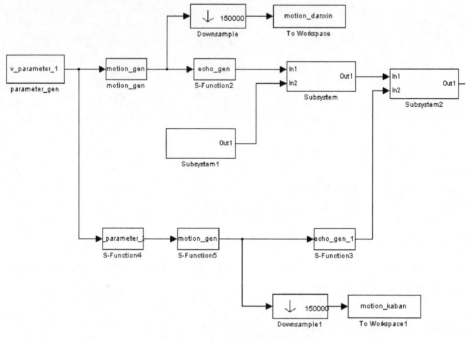

图4-12 群目标回波产生框图

主要仿真参数如下：

弹芯目标初速 $v_0 = 1200\text{m/s}$，加速度 $a_1 = -150\text{m/s}^2$；卡瓣目标加速度 $a_2 = -1200\text{m/s}^2$；发射时间间隔 $t_s = 2\text{ms}$；伪码码钟 $f_\Delta = 25\text{MHz}$；伪码码长 $P = 255$；采样率 $f_0 = 300\text{MHz}$。

可以看出距离门内弹芯目标谱线的能量随着雷达径向距离的增加而递减，而距离门外的弹芯目标及卡瓣目标引起的"泄漏"能量基本不变；由于弹芯的初速误差、加速度误差、发射间隔误差，在较远的距离门内弹芯目标的前后追赶现象比较明显，即某一时间内有些距离门内会出现两个弹芯目标，而有些距离门则没有目标。

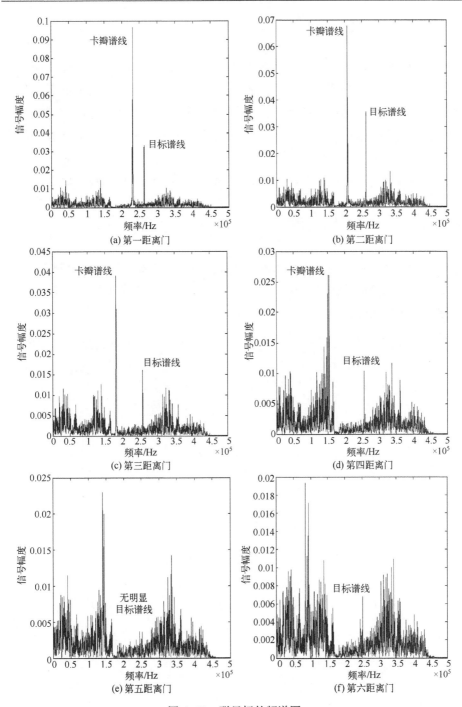

图 4-13 群目标的频谱图

### 4.6.4 仿真结果分析

利用 Simulink 对高射频弹丸回波信号进行了仿真，并利用距离门相关处理，实现目标距离分辨。由于采用连续波伪码调相体制，高射频弹丸单目标的回波信号是带有伪码调制的一个多普勒单频信号。当弹丸包含弹芯、卡瓣和底托且连续发射时，在空间中呈现为时间、距离、速度不相同且分布密集的群目标，回波上表现为信号的叠加。

单目标和群目标简单情况下的仿真结果表明，可以在距离维通过距离门相关处理来区分距离不同的目标，在速度维通过时频处理的方法区分距离接近速度不同的目标，即采用距离—时频分辨能够实现高射频弹丸群目标的分离。

由于高射频弹丸群目标回波较为复杂，距离门相关处理时存在频谱泄漏，卡瓣和底托回波影响弹芯目标检测，所以实现距离分辨具有很大的难度，必须进行深入的研究。

# 第5章 群目标分辨信号处理技术

## 5.1 概 述

群目标初速测量雷达采用伪码调相信号,利用数字相关解调和时频分析实现群目标距离—时间—频率的三维分辨,通过多目标检测、弹迹起始、跟踪滤波与曲线拟合等算法得到弹丸初速。群目标初速测量雷达组成及工作原理见第2.1节。

本章研究了群目标初速测量雷达信号处理算法。首先分析了常用算法存在的问题与缺陷,指出常用时频二维双门限恒虚警检测需要频繁的人工干预,受人员操作经验影响大,检测结果不稳定,其中时频图中目标"拖尾"是回波信号的主要干扰。为此,本章对时频图中目标"拖尾"现象进行了分析,找到了"拖尾"现象的产生机理,针对普通榴弹,提出了基于 Hough 变换直线检测的目标检测算法,减少了人工干预,提高了检测性能。但该算法对脱壳弹的检测效果不理想,主要原因是脱壳弹在发射过程中存在大量弹托,弹托频谱会对 Hough 变换直线检测结果产生巨大干扰。对此,本章提出了一种基于弹托频谱窗的二阶统计假设恒虚警检测算法,解决了脱壳弹的信号检测问题。

## 5.2 距离—时间—频率三维群目标分辨

高射速小口径火炮发射频率高,弹丸间隔时间短。在初速测量期间,测量空间分布大量弹丸目标,简单连续波信号无法实现群目标初速测量,利用伪码调相连续波信号的自相关性,可以实现距离—时间—频率三维分辨,从而确定密集分布的各个弹丸目标的位置和速度变化规律,完成初速测量。如图 5-1 所示为距离—时间—频率三维群目标分辨流程图。

如图 5-1 所示,首先利用伪随机码的自相关特性,将回波基带信号与带有固定延迟的 16 路本地伪随机码进行数字相关处理,得到 16 路距离门回波

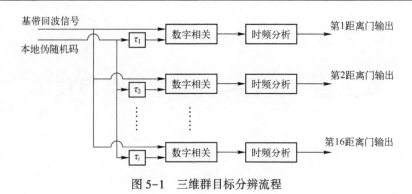

图 5-1 三维群目标分辨流程

数据，然后对每一距离门内的回波信号进行时频分析，得到各距离门的回波时频信号，实现距离—时间—频率三维群目标分辨。三维群目标分辨主要包括数字相关解调与时频分析两个信号处理过程，数字相关解调主要利用不同目标的复合伪码连续波信号回波自相关特性实现群目标的距离分辨，距离分辨原理已在本文第4章进行介绍，下面详细介绍信号时频分析处理过程。

### 5.2.1 时频分析

传统傅里叶分析只能得到信号的整体频率信息，无法得到频率随时间的变化情况。时频分析可以得到不同目标多普勒频率随时间的变化情况，因此更适合作为群目标雷达回波的频谱分析方法。由于雷达回波包含大量做变速运动的弹丸，目标间干扰较为严重，因此如何选取合适的时频分析算法对于能否实现群目标分辨具有重要意义。

在时频分析中，Wigner-Ville 分布会产生交叉项影响群目标分辨精度；小波变换效果受母小波的影响较大，对当前群目标回波适应性较差；由于短时傅里叶变换实现简单并且分辨精度可以满足高射速弹丸的分辨要求。因此，当前群目标初速测量雷达采用短时傅里叶变换进行时频分析。

满足 $\int_{-\infty}^{\infty} |x(t)| dt < \infty$ 的一维信号 $x(t)$，其 STFT 变换定义为

$$\text{STFT}_x(t,f) = \int_{-\infty}^{\infty} [x(\tau)w(\tau-t)] e^{-j2\pi f\tau} d\tau \quad (5-1)$$

式中：$w(\tau-t)$ 是以 $t$ 时刻为中心的窗函数，短时傅里叶变换窗函数主要包括矩形窗、汉明窗、汉宁窗和布莱克曼·哈里斯窗。窗函数应根据检测对象进行选择，为了得到每个距离门内更准确的目标瞬时多普勒频率，当前普遍采

用旁瓣抑制效果更好的布莱克曼·哈里斯窗,表达式为式(5-2)[43]:

$$w(n) = 0.35875 - 0.48829\cos[(2\pi/N)] + 0.14128\cos[(4\pi/N)n]$$
$$-0.01168\cos[(6\pi/N)n] \quad n=0,1,\cdots,N-1 \quad (5-2)$$

短时傅里叶变换实际上就是信号 $x(t)$ 在 $t$ 时刻的局域谱,局域谱的长度由窗长决定,窗长 $\Delta f$ 和窗口滑动步长 $\Delta t$ 是短时傅里叶变换的两个重要参数。窗长 $\Delta f$ 越高局域谱长度越长,因此频率分辨率越强;$\Delta t$ 越小短时傅里叶变换的时间分辨率越强。

## 5.2.2 三维分辨效果分析

本文分别对 3 连发榴弹、7 连发普通榴弹和 33 连发脱壳弹进行距离—时间—频率三维群目标分辨,结果如图 5-2 所示,为第 5 距离门回波数据时频分布图,横轴为根据回波多普勒频率计算得到的径向速度,纵轴为时间。时频分析采用窗长为 4096,滑动步长为 1000 的布莱克曼-哈里斯窗。

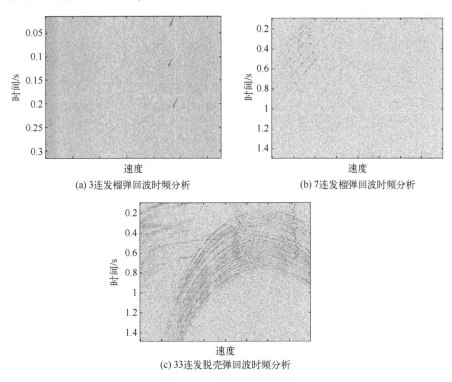

(a) 3连发榴弹回波时频分析

(b) 7连发榴弹回波时频分析

(c) 33连发脱壳弹回波时频分析

图 5-2 时频分析结果图

观察 3 种弹丸时频分布图可以发现，在 3 连发与 7 连发榴弹时频分布图中可以清晰地分辨出每发弹丸的位置；由于弹托回波频谱的干扰，导致 33 连发脱壳弹时频信号的信噪比较低，但是仍在时频图内成功检测到了目标能量强点，实现了群目标的分辨。因此当前距离—时间—频率三维群目标分辨精度已经基本满足工程需求。但是，三幅时频分布图内均存在着明显的"拖尾"现象，"拖尾"的时间频率跨度较大且能量较高，对多目标检测效果影响较大，找到"拖尾"现象的产生原因对改进多目标检测算法，提高目标分辨与检测精度有巨大帮助。

## 5.3　多目标检测

距离门回波数据通过短时傅里叶变换可以得到时频二维信号，时频信号中存在大量的噪声和干扰，无法直接提取目标的参数信息，因此必须进行多目标检测。多目标检测主要是对时频信号进行去噪处理，并提取目标参数信息。时频信号中噪声干扰形式较为复杂，除了高斯噪声外还包括了"拖尾"干扰，目标间相互干扰以及弹托频谱干扰（脱壳弹），当前群目标初速测量雷达主要采用时频二维双门限恒虚警来实现去噪处理。

### 5.3.1　时频二维恒虚警处理

恒虚警检测基本流程如图 5-3 所示，与待测单元 $X_i$ 相邻的保护单元用来避免待测单元对背景能量估计的干扰，待测单元 $X_i$ 的门限由背景杂波估计 $Z$ 与门限系数 $T$ 决定。当待测单元能量超过门限值时，视为出现目标；当待测单元能量低于门限值时，视为无目标出现。不同的 CFAR 算法背景杂波能量估计方法不同，最常见的有均值类恒虚警和有序类恒虚警算法。

群目标初速测量雷达采用基于多普勒频率和时间的二维恒虚警处理方法[44]来进行目标检测，回波信号经过短时傅里叶变换得到的时频域信号如图 5-4 所示，各弹丸飞行速度近似，从而在同一多普勒频点处可能会出现多个目标；而不同弹丸在飞行过程中存在一定时间间隔，因此理论上在同一时间点不存在多个目标。在进行时频二维恒虚警检测时，为了避免群目标间的干扰，通常按时间的先后顺序，依次对每一距离门内的回波多普勒频谱进行恒虚警检测。

## 第5章 群目标分辨信号处理技术

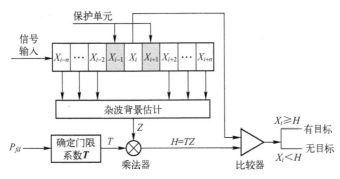

图 5-3 CFRA 检测原理框图

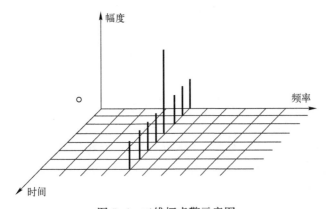

图 5-4 二维恒虚警示意图

恒虚警的检验假设为

$$H_0: x(f,t) = |n(f,t)|$$
$$H_1: x(f,t) = |s(f,t) + n(f,t)|$$
(5-3)

式中 $f$, $t$——时频信号中的多普勒频率单元和时间单元；

$n(f,t)$——对应频率时间单元的背景噪声；

$s(f,t)$——对应频率时间单元的目标信息；

$H_0$——无目标；

$H_1$——存在目标。

### 5.3.2 时频二维双门限恒虚警检测

由于弹丸回波时频信号是非平稳的，背景杂波环境复杂并且存在大量的噪声和干扰，传统的单元恒虚警检测算法无法对非平稳复杂环境的信号进行有效的检测。当前恒虚警检测算法在时频二维恒虚警检测的基础上，利用双门限进行检测。门限一检测算法基本流程如图 5-5 所示。

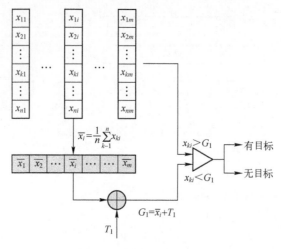

图 5-5　门限一检测方法

门限一通过对每一时间维内的数据求均值再加上一个门限增量 $T_1$ 得到，第 $i$ 时间维数据的门限设为 $G_{1i}$，由式（5-4）计算得到，式中 $n$ 为频率长度。

$$G_{1i} = \frac{x_{1i} + x_{2i} + \cdots + x_{ni}}{n} + T_1 \tag{5-4}$$

将第 $i$ 时间内的每一个数据 $x_{ki}$ 与对应门限 $G_{1i}$ 进行比较，将大于等于 $G_{1i}$ 的数据保留，小于 $G_{1i}$ 的数据置零。每一时间内的数据比较完毕后，对下一个时间内的数据进行同样处理，直到所有数据处理完成。

为了减少虚警率，增加恒虚警的检测能力，在门限一的基础上增加了二级门限。首先找到回波数据的最大值 $x_{\max}$，然后将 $x_{\max}$ 与二级门限增量 $T_2$ 的差值作为第二门限，如式（5-5）所示。将全部数据 $x_{ji}$ 与 $G_2$ 进行比较，高于门限的数据保留，低于门限的数据清零[45]。门限二检测算法基本流程如图 5-6 所示。

$$G_2 = x_{\max} - T_2 \tag{5-5}$$

实际上，当前时频二维双门限恒虚警算法是在单元平均恒虚警算法的基础上增设了一个固定门限。而且门限一是对每一时间维内的全部频率信息求均值再加上固定增益 $T_1$，实际上就是在每个一维频谱数据内进行固定门限判定的过程。门限二则是在二维时频数据内进行固定门限判定的过程，通过矩阵峰值减去固定增益 $T_2$ 得到门限二，大于门限二的数据保留，小于置零，门

## 第 5 章 群目标分辨信号处理技术

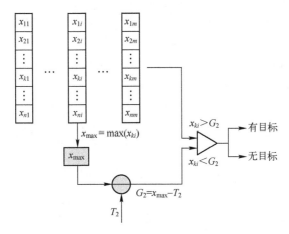

图 5-6 门限二检测方法

限值受非平稳杂波干扰影响严重。该算法仅仅是通过调节门限增益来控制门限，没有从根本上解决时频信号中目标能量泄漏、弹托频谱干扰等问题。仅从数据的幅度上进行处理，检测效果主要取决于门限增益 $T_1$ 和 $T_2$，目前没有计算 $T_1$ 与 $T_2$ 的理论依据，工程中 $T_1$、$T_2$ 的默认值为 20db 与 15db，算法自适应性较差，当缺少先验经验时检测效果较差。

### 5.3.3 检测性能分析

本文采用工程默认的双门限增益对 3 连发榴弹弹丸仿真回波数据进行双门限恒虚警检测，处理结果如图 5-7 所示。

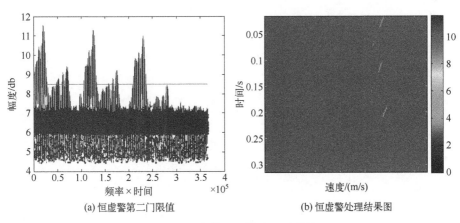

(a) 恒虚警第二门限值　　(b) 恒虚警处理结果图

图 5-7 恒虚警处理结果（见彩插）

图 5-7（a）中红色直线为门限二，其中门限增益采用默认值，蓝色实线为按时间顺序排列的目标回波多普勒频谱。图 5-7（b）为恒虚警处理后的时频分布图。从图 5-7（a）中可以明显地看出恒虚警门限过低，无法完全剔除回波信号中"拖尾"能量的干扰，出现了大量虚警。数据处理结果表明，当前恒虚警检测算法无法从根本上剔除时频信号中的全部干扰，对不同数据的适应性较差，当缺少先验经验时，恒虚警检测的准确性与可靠性较差。

## 5.4 时频图"拖尾"现象分析

上述实验过程中发现，在每个距离门的回波时频分布图中，目标点处均存在"拖尾"现象，每个目标的"拖尾"以近似直线的形式分布在时频图上。由于在"拖尾"区域内存在着大量能量高于底噪且分布不均匀的干扰，对当前恒虚警检测效果造成了严重影响。针对这一问题，本节通过研究伪码调相连续波（PRC-CW）雷达信号的频谱特性，并且根据高射速火炮弹丸运动状态，推导群目标回波多普勒频谱表达式，通过对多普勒频谱仿真，给出"拖尾"现象的产生机理。

### 5.4.1 伪码调相雷达发射信号频谱分析

伪码调相连续波雷达发射信号可以表示为

$$s_t(t) = a(t) e^{j\varphi(t)} e^{j2\pi f_c(t)} \tag{5-6}$$

伪随机码复包络可以表示为

$$u(t) = a(t) e^{j\varphi(t)} \tag{5-7}$$

式中 $a(t)$——幅度调制函数；

$\varphi(t)$——相位调制函数，只能取 0 和 π 两个值，因此可用二进制序列 $\{\varphi(t) = 0, \pi\}$ 表示，相位编码信号的包络为幅度为 1 的矩形，即

$$a(t) = \begin{cases} 1 & 0 < t < LT \\ 0 \end{cases} \tag{5-8}$$

式中 $T$——码元宽度；

$L$——码长。因此，伪随机码信号的复包络可写成

$$u(t) = \begin{cases} \sqrt{T} \sum_{i=0}^{L-1} z_i v(t - iT) & 0 < t < LT \\ 0 \end{cases} \tag{5-9}$$

式中 $v(t)$——子脉冲函数。根据δ函数的性质，式（5-9）可写成

$$u(t) = v(t) \otimes \sqrt{T} \sum_{i=0}^{L-1} z_i \delta(t - iT) \quad (5\text{-}10)$$

式中 $\otimes$——卷积。

对式（5-5）作傅里叶变换，可以得到伪随机码 $u(t)$ 的频谱，

$$U(f) = U_1(f) U_2(f) = T\text{sinc}((f)T) e^{-j\pi(f)T} \left[ \sum_{i=0}^{L-1} z_i e^{-j2\pi(f)iT} \right] \quad (5\text{-}11)$$

式中 $U_1(f)$，$U_2(f)$ 分别为 $v(t)$，$\sqrt{T}\sum_{i=0}^{L-1} z_i \delta(t - iT)$ 的傅里叶变换。

因此，伪码调相连续波雷达发射信号频谱可以表示为

$$U_t(f) = U(f) \otimes \delta(f_c) = T\text{sinc}((f-f_c)T) e^{-j\pi(f-f_c)T} \left[ \sum_{i=0}^{L-1} z_i e^{-j2\pi(f-f_c)iT} \right] \quad (5\text{-}12)$$

式中 $\delta(f_c)$——连续波的傅里叶变换后得到的频谱函数。由式（5-12）可知，伪码调相信号的频谱形式主要取决于 $U_1(f)$，附加因子 $\sum_{i=0}^{L-1} z_i e^{-j2\pi(f-f_c)iT}$ 与伪随机码的形式有关，附加因子与码元宽度 $T$ 决定了频谱幅度。

根据式（5-12）计算码长为 255，码钟 25MHz，载波频率为 2500Hz 的伪码调相信号频谱如图 5-8 蓝色实线所示，红色实线为未经相位编码的单载频信号频谱。

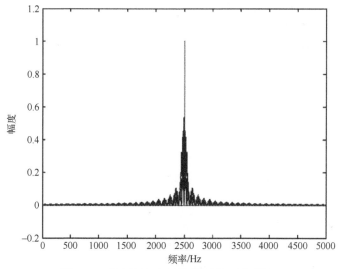

图 5-8 伪码调相发射信号频谱（见彩插）

从图中可以明显看出伪码调相信号与单载频信号相比频谱展宽主峰能量降低。单频连续波信号的频谱能量主要集中在主峰上，伪码调制信号有一部分频谱能量在谱峰周围的旁瓣上，主峰能量减弱，总能量与单载频信号频谱总能量相同。由式（5-12）可知，伪码调制信号的主峰频谱能量是单载频信号频谱能量的 $T\left|\sum_{i=0}^{L-1} z_i \mathrm{e}^{-\mathrm{j}2\pi(f-f_c)iT}\right|$ 倍，由于附加项 $\sum_{i=0}^{L-1} z_i \mathrm{e}^{-\mathrm{j}2\pi(f-f_c)iT}$ 的值与调制信号有关，因此不同调制码得到的信号频谱幅度不同。

对伪码调相的连续波发射信号的仿真结果可以看出，伪随机码对单载频连续波信号的调制作用主要体现在抑制了连续波信号载频的频谱能量，调制信号的主峰频谱能量与码元宽度 $T$ 和伪码具体形式有关。

### 5.4.2 回波信号频谱分析

雷达接收到目标回波后，经过本地固定延迟的伪随机码数字相关解调后的信号为[46]

$$s_r(t) = \mathrm{e}^{\mathrm{j}\varphi(t-\tau)} \mathrm{e}^{\mathrm{j}2\pi f_c(t-\tau)} \cdot \mathrm{e}^{\mathrm{j}\varphi(t-\tau_1)}$$
$$= \mathrm{e}^{\mathrm{j}2\pi f_c(t-\tau)} \cdot \mathrm{e}^{\mathrm{j}[\varphi(t-\tau_1)+\varphi(t-\tau)]} \quad (5-13)$$

式中　$\tau$——弹丸回波延迟；

$\mathrm{e}^{\mathrm{j}\varphi(t-\tau_1)}$——本地延迟为 $\tau_1$ 的伪随机码，式中设 $\varphi=\varphi(t-\tau_1)+\varphi(t-\tau)$，根据伪码性质可知，$\varphi$ 有 0，$\pi$，$2\pi$ 三种取值。

根据伪随机码的自相关特性可知：

当目标在距离门内，即 $0 \leqslant |\tau-\tau_1| \leqslant T$ 时，本地伪随机码与回波信号自相关，即 $\varphi=2 \cdot \varphi(t-\tau)$，因为 $\varphi(t)$ 是取值为 0 或 $\pi$ 的二进制序列，因此 $\varphi$ 取值为 0 或 $2\pi$。所以，

$$\mathrm{e}^{\mathrm{j}\varphi(t-\tau)} \cdot \mathrm{e}^{\mathrm{j}\varphi(t-\tau_1)} = \mathrm{e}^{\mathrm{j}\varphi} = 1 \quad (5-14)$$

此时回波为一单频信号，

$$s_r(t) = \mathrm{e}^{\mathrm{j}2\pi f_c(t-\tau)} \quad (5-15)$$

当目标在距离门外，即 $|\tau-\tau_1|>T$ 时，本地伪码与回波信号不相关，由伪随机码的移位相加性[47]可知，同一伪随机码两个不同延迟的信号相关会得到一个具有新的延迟的伪随机码，即 $\varphi(t-\tau_1)+\varphi(t-\tau)=\varphi(t-\tau_2)$，如式（5-16）：

$$\mathrm{e}^{\mathrm{j}\varphi(t-\tau)} \cdot \mathrm{e}^{\mathrm{j}\varphi(t-\tau_1)} = \mathrm{e}^{\mathrm{j}\varphi(t-\tau_2)} \quad (5-16)$$

式中　$\tau_2$——不同于 $\tau$ 与 $\tau_1$ 的新的延迟。

因此回波信号如式（5-17）：

$$s_r(t) = e^{j\varphi(t-\tau_2)} e^{j2\pi f_c(t-\tau)} \quad (5-17)$$

综上所述，经过相关解调后的多普勒回波信号如式（5-18）：

$$s_r(t) = \begin{cases} e^{j2\pi f_c \tau} & 0 \leq |\tau-\tau_1| \leq T \\ e^{j\varphi(t-\tau_2)} e^{j2\pi f_c \tau} & |\tau-\tau_1| > T \end{cases} \quad (5-18)$$

群目标初速测量雷达原理如图 2-1 所示。为便于理解，重画如下（图 5-9）。图中 $A$ 为雷达到火炮距离，$B$ 为火炮炮口长度，$R$ 为弹丸与雷达径向距离，$dis$ 为当前时刻弹丸飞行距离。

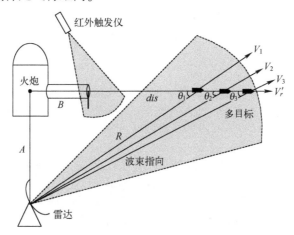

图 5-9　群目标初速测量雷达原理

如图所示，回波信号的延迟 $\tau$ 为

$$\tau = \frac{2R}{c} \quad (5-19)$$

式中　$c$——雷达波束传播速度；

　　　$R$——目标距离雷达径向距离。

目标飞行距离 $dis$ 可表示为

$$dis = v_0 t + \frac{1}{2} a t^2 \quad (5-20)$$

式中　$v_0$——目标初速；

　　　$a$——目标加速度。

目标与雷达的径向距离 $R$，

$$R = \sqrt{(B+dis)^2 + A^2} \quad (5-21)$$

将式（5-20）带入式（5-21）可得

$$R = \sqrt{\left(B+v_0 t+\frac{1}{2}at^2\right)^2 + A^2} \tag{5-22}$$

令 $E = \sqrt{A^2+B^2}$，对 $R$ 进行泰勒展开可得

$$R = E + \frac{Bv_0}{E}t + \frac{1}{2}Dt^2 \tag{5-23}$$

式中：$D$ 为 $t=0$ 时 $R$ 关于 $t$ 的二阶导数，是与 $E$、$B$、$a$、$v_0$ 有关的常数。具体表达式为

$$D = \frac{4E(v_0^2+Ba)-2B^2 v_0^2/E}{4E^2} \tag{5-24}$$

将式（5-23）带入式（5-24）可得

$$\tau = \frac{2}{c}\left(E + \frac{Bv_0}{E}t + \frac{1}{2}Dt^2\right) \tag{5-25}$$

将上式带入式（5-18）得到多普勒回波信号为

$$s_r(t) = \begin{cases} e^{j2\pi f_c \frac{2}{c}\left(E+\frac{Bv_0}{E}t+\frac{1}{2}Dt^2\right)} & 0 \leq |\tau-\tau_1| \leq T \\ e^{j\varphi(t-\tau_2)}e^{j2\pi f_c \frac{2}{c}\left(E+\frac{Bv_0}{E}t+\frac{1}{2}Dt^2\right)} & |\tau-\tau_1| > T \end{cases} \tag{5-26}$$

由于常数 $E$ 与 $B$ 不影响多普勒频谱，故可省略得

$$s_r(t) = \begin{cases} e^{j2\pi f_c\left(\frac{2Bv_0}{cE}+\frac{1}{c}Dt\right)t} & 0 \leq |\tau-\tau_1| \leq T \\ e^{j\varphi(t)}e^{j2\pi f_c\left(\frac{2Bv_0}{cE}+\frac{1}{c}Dt\right)t} & |\tau-\tau_1| > T \end{cases} \tag{5-27}$$

由式（5-12）可得回波多普勒频谱为

$$U_d(f) = \begin{cases} \delta\left(f_c\left(\frac{2Bv_0}{cE}+\frac{1}{c}Dt\right)\right) & 0 \leq |\tau-\tau_1| \leq T \\ T\mathrm{sinc}\left(\left(f-f_c\left(\frac{2Bv_0}{cE}+\frac{1}{c}Dt\right)\right)T\right) e^{-j\pi\left(f-f_c\left(\frac{2Bv_0}{cE}+\frac{1}{c}Dt\right)\right)T}\left[\sum_{i=0}^{L-1}z_i e^{-j2\pi\left(f-f_c\left(\frac{2Bv_0}{cE}+\frac{1}{c}Dt\right)\right)iT}\right] & |\tau-\tau_1| > T \end{cases}$$

$$\tag{5-28}$$

设 $f_d = f_c\left(\frac{2Bv_0}{cE}+\frac{1}{c}Dt\right)$，多普勒频谱以 $f_d$ 为中心频率，根据 $f_d$ 表达式可知，多普勒频率 $f_d$ 与时间 $t$ 成线性关系。设 $A=2$，$B=6$，利用码长 255，码钟为 25MHz 伪码调制的正弦波探测初速 1200m/s，加速度 $-150\mathrm{m/s}^2$ 的动目标时，根据式（5-28）得到目标回波多普勒频谱如图 5-10 所示。

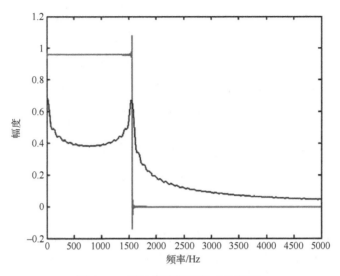

图 5-10　回波多普勒频谱（见彩插）

图 5-10 中横轴为多普勒频率，纵轴为归一化后的幅值。红色实线为距离门内的目标回波信号多普勒频谱，蓝色实线为距离门外的目标回波信号的多普勒频谱。从图中可以明显看出，多普勒频率在一定时间内均匀变化，距离门外目标多普勒频谱能量低于距离门内的目标多普勒频谱能量，但是远高于底噪能量。由式（5-28）可知，距离门外的目标多普勒频谱能量与码元宽度 $T$ 和伪随机码附加因子幅值成正比，在工程中不可能无限缩小 $T$，从图 5-10 中可以看出，码长 255，码钟为 25MHz 的调制信号中距离门外目标的多普勒频谱能量为距离门内目标多普勒频谱能量的 0.4~0.8 倍。时频分布图中的目标"拖尾"实质上是由于在实际工程中，回波信号的相关解调无法完全抑制距离门外的目标多普勒频谱所产生的泄漏能量。"拖尾"同时包含了距离门内的目标多普勒频谱和距离门外的目标泄漏的多普勒频谱，其中距离门内的目标在"拖尾"最大能量点处。

由于"拖尾"内的泄漏能量远大于底噪能量并且与目标多普勒能量接近，二维双门限恒虚警检测很难准确有效地实现多目标检测。当前为解决这一问题只能在每次实验中根据目标检测结果进行人为修正，不断调整门限增益直到检测效果最佳为止。采用人工干预的方法，会使系统运行速度过慢，降低了整体性，并且过于依赖主观经验，当缺少先验经验时，会严重降低多目标检测的稳定性与可靠性。

根据本节分析可知，目标多普勒频率与时间成线性关系，"拖尾"以直线的形式存在，因此可以采用基于直线检测的图像处理方法来代替传统的恒虚警点检测算法。通过 Hough 变换检测出每个目标对应的"拖尾"直线区域，在直线区域中选取幅值最大的点来提取目标信息。该方法巧妙地利用了"拖尾"中距离门外目标多普勒信息来实现多目标的准确分辨。

## 5.5 基于 Hough 变换的目标检测算法

### 5.5.1 Hough 变换直线检测算法

Hough 变换是一种经典的利用参数空间的累加统计来完成图像空间检测任务的方法。Hough 变换的基本原理如图 5-11 所示，图像空间中 $\rho$ 为原点距直线 $l$ 距离，$\theta$ 为直线的法线与 $x$ 轴的夹角。

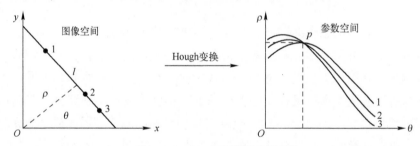

图 5-11　Hough 变换基本原理

$l$ 为待测直线，在图像空间下的方程为

$$\rho = x\cos\theta + y\sin\theta \tag{5-29}$$

点 $p(\theta,\rho)$ 为直线 $l$ 在参数 $\rho$-$\theta$ 空间的映射。标准的 Hough 变换针对二值矩阵中每个像素点进行映射，在映射空间内根据需要提取峰值点，得到的峰值点根据式（5-30）可以反推出在图像空间内对应的直线。

$$y = \frac{1}{\sin\theta}(x\cos\theta - \rho) \tag{5-30}$$

### 5.5.2 用于伪码调相信号的直线检测算法

利用 Hough 变换直线检测进行多目标检测的算法流程图如图 5-12 所示，由于 Hough 变换检测精度受图像信噪比影响较大，本节首先对原始回波数据的时频图进行了图像增强，抑制了噪声，增加了图像清晰度，使其更有利于进行直线检测；然后根据伪码调相信号频谱特性设置阈值，将原始图像转换成二值图像；其次对二值图像进行 Hough 变换得到每个目标的直线区域；最后，在每个目标的直线区域内进行峰值检测得到能量最大点，即为目标点，提取目标点的速度、时间、幅度等参数信息。

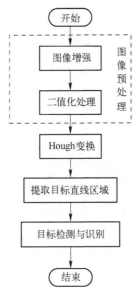

图 5-12 Hough 变换多目标检测算法流程

基于 Hough 变换的多目标检测算法主要处理过程如下。

**1. 图像增强**

通常，回波时频信号中往往存在较多的噪声。噪声类型主要为高斯噪声。常用的图像去噪方法主要包括领域平均法和中值滤波法。相比于领域平均法，中值滤波算法采用数据排序的方法，使噪声点被无噪声点代替的概率比较大，噪声抑制效果好，同时还可以增强图像清晰度。因此，本节采用中值滤波法对回波时频图进行去噪处理，其过程如下：

利用一个 $n·n$ 的移动窗遍历回波时频信号，将每一次窗口中心点的值用窗口内其他点的平均值进行代替，即对该二维图像 $f(x,y)$ 进行中值滤波，其输出为

$$g(x,y) = \underset{(x_i,y_i \in D)}{\text{Med}} f(x_i,y_i) \tag{5-31}$$

式中：$D$ 为 $n·n$ 的窗口，经过多次试验发现，对于信号长度小于 1M 的数据取 7-7 的移动窗口滤波效果较好，对于长度大于 1M 的数据取 16·16

大小的移动窗口滤波效果较好。

图 5-13 为对三连发普通榴弹第五距离门仿真回波数据进行中值滤波后的时频图，由于回波时频信号长度小于 1M，因此选取长度的 7-7 的移动窗。将图 5-4 与图 5-2（a）进行对比可以发现，经过中值滤波后的图像噪声干扰减少，图像更加清晰。

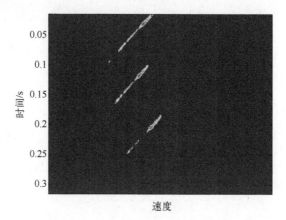

图 5-13 中值滤波后的时频分布图

**2. 图像二值化处理**

由于 Hough 变换是在二值图像的基础上进行，因此需要对回波时频图进行二值化处理。回波时频图中每个点的像素值对应为频谱能量，本文通过设置阈值的方法进行二值化处理。由第 5.4.2 节可知，"拖尾"泄漏能量的最小值为谱峰的 0.4 倍，以此设为阈值，将时频信号中幅值大于阈值的点的像素置为 1，反之置为 0。通过该方法可以滤除图像中能量比较低的噪声和干扰，提高了图像的对比度。

**3. Hough 变换**

原回波时频图经过上述图像预处理后形成了对应二值图像，对二值图像进行 Hough 变换，检测时频图像中的目标直线，具体算法如下：

（1）对二值图像进行 Hough 变换，将二值图像转换至 Hough 空间（图 5-14）。

（2）在 Hough 空间中提取空间参数 $H(i,j)$ 最大的 $N$ 个峰值点，$N$ 的选择与时频图内目标个数有关。如图 5-15 所示，提取峰值点为 $\{H(i_1,j_1), H(i_2,j_2),\cdots,H(i_N,j_N)\}$，分别了对应 $N$ 组坐标轴参数 $\{(\rho_1,\theta_1),(\rho_2,\theta_2),\cdots,(\rho_N,\theta_N)\}$。

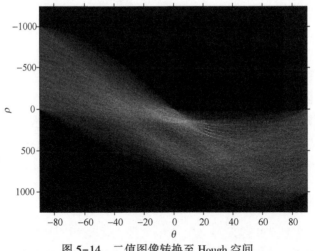

图 5-14　二值图像转换至 Hough 空间

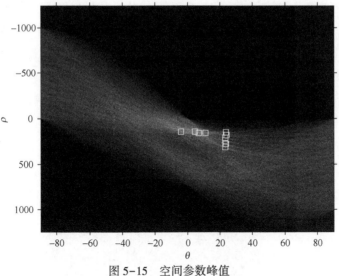

图 5-15　空间参数峰值

(3) 根据回波数据多普勒频率约束条件，令 $20°\leqslant|\theta_i|\leqslant 90°$，对这 $N$ 组空间参数进行筛选，得到满足约束条件的参数 $\{H(i_n,j_n)\}$、$\{(\rho_n,\theta_n)\}$，其中，$n\leqslant N$。

(4) 根据过程 c 得到的空间参数建立直线方程得到检测直线，如式（5-32）所示：

$$y_n=\frac{1}{\sin\theta_n}(x_n\cos\theta_n-\rho_n) \qquad (5-32)$$

**4. 提取目标直线区域**

通过 Hough 变换可以得到时频图中每个目标对应的直线，为了防止遗漏目标，需要对检测后的直线进行展宽。本节提取以检测直线为中心、宽度为 10 的直线区域作为每发弹丸的目标直线区域。

**5. 回波目标检测与识别**

由第二节回波频谱特性可知，每个目标存在直线上能量最大点处。在每个目标对应的直线区域内进行峰值检测，提取区域内最大峰值点参数信息，从而可以实现目标检测与识别。

### 5.5.3　实验结果与分析

利用该算法对某 3 连发弹丸第 5 距离门伪码调相回波信号进行多目标检测，结果如图 5-16—图 5-18 所示。图 5-16 为 Hough 空间参数峰值点，为了避免漏警现象，本节选取了 10 个峰值点，其中有 6 个峰值符合约束条件。在本节中，设置直线最小分辨间距为 10，即 $|\Delta\rho|\geqslant 10$。在 6 个参数空间峰值中，共检测出了 3 条直线如图 5-17 内的绿色直线所示，检测出的直线与图 5-4（a）中目标"拖尾"位置完全重合，达到了群目标分辨与检测的效果。在进行 Hough 变换直线检测时，时频分布图被作为一个图片进行处理，横纵坐标不具有任何意义。

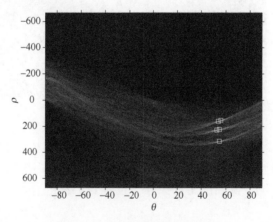

图 5-16　Hough 参数空间峰值点

图 5-18、图 5-19 分别为当前基于 Hough 变换的多目标检测与采用初始门限增益的双门限恒虚警检测的结果。

第 5 章　群目标分辨信号处理技术

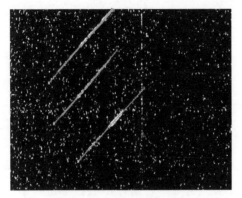

图 5-17　直线检测结果

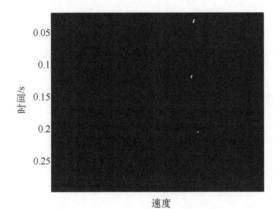

图 5-18　目标检测结果

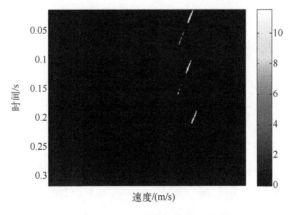

图 5-19　二维双门限恒虚警检测结果

表 5-1 为两种算法提取出的目标检测结果。基于 Hough 变换的目标检测算法准确地检测出了 3 个目标点，实现了群目标的准确检测；双门限恒虚警算法在缺少先验经验时检测出了 29 个目标，产生大量虚警。

表 5-1　两种算法的目标提取结果

| 算　　法 | 提取的目标个数 | 虚警个数 | 漏警个数 | 正检个数 | 品质因数 |
| --- | --- | --- | --- | --- | --- |
| 改进算法 | 3 | 0 | 0 | 3 | 1.0 |
| CFAR 检测算法 | 29 | 26 | 0 | 3 | 0.103 |

数据处理结果表明，在对普通榴弹回波信号进行多目标检测时，相比于二维双门限恒虚警处理方法，基于 Hough 变换直线检测的方法可以不受"拖尾"泄漏频谱的干扰，能够有效地减少大量虚警。

## 5.6　基于弹托频谱窗的 SOD-CFAR 算法

由于当前时频二维双门限恒虚警检测算法对目标"拖尾"现象的处理效果不佳，本文提出了基于 Hough 变换的目标检测算法。但是在对连发脱壳弹进行初速测量时，雷达会接收到弹托产生的回波信号，由于弹托做变速运动，因此时频图中弹托"拖尾"呈曲线分布，如图 5-2（c）所示，弹托"拖尾"会严重干扰直线检测效果，因此基于 Hough 变换的目标检测算法不再适用。鉴于此，本节提出了一种基于弹托频谱窗的二阶统计假设（Second Ord Statistics）恒虚警（SOD-CFAR）检测算法，并且通过数据处理，取到了较好的目标检测效果。

### 5.6.1　频域加窗处理

脱壳弹是传统穿甲弹的改良型，主要是为了兼顾以大口径火炮发射高速弹丸和以小口径弹丸提高穿甲效果的要求。脱壳弹结构主要由弹托和弹芯组成，在膛内时，弹丸弹径大，火药燃气作用面积大，弹头加速快，容易获得比较高的初速度。当弹丸离开炮膛后，弹托分离，由于弹托质量小、体积大，所受空气阻力大，弹托飞行速度要小于弹芯速度。因此在回波时频分布图中，弹托频谱主要分布在低频区域。本节采用频域加窗处理方法，对弹芯多普勒频谱分布区间以外的低频区域进行频域加窗处理，抑制低频区域的弹托多普勒频谱能量。频域加窗原理如图 5-20 所示。

# 第 5 章 群目标分辨信号处理技术

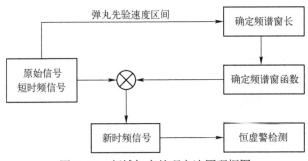

图 5-20 频域加窗处理方法原理框图

频域加窗处理方法主要包括以下几个步骤：

**1. 确定频谱窗长**

通过弹芯最低初速度 $v$、加速度 $a$ 结合弹丸飞行时间 $t$ 计算弹芯飞行过程中最低速度 $v_{\min}$ 如下式：

$$v_{\min}=v+at \tag{5-33}$$

根据多普勒测速原理计算得到最低速度对应的多普勒频率 $f_{\min}$。频域窗函数长度选取为 $f_{\min}$，对时频信号中 $0\sim f_{\min}$ 的频谱进行加窗处理。

**2. 确定窗函数**

由于弹丸回波时频图中高斯噪声能量较高，若采用类似低通滤波器的方法，对低频部分的频谱能量抑制过低，$f_{\min}$ 点处会出现能量突变，在恒虚警检测中会出现虚警。因此本节根据文献的方法，设计了一个开口向上的半抛物线形式的弹托频谱窗。如图 5-21 所示，将时频信号与频谱窗相乘，其中频谱窗的取值为 0.4~0.8 之间。该频谱窗可以很好地抑制低频段弹托频谱能量，并且半抛物线形式更易于计算，有利于工程实现。

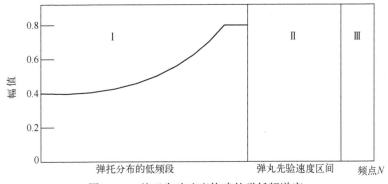

图 5-21 基于先验速度构建的弹托频谱窗

### 5.6.2 SOD-CFAR 算法

改进的自适应恒虚警算法在弹托频谱窗的基础上,结合有序统计类恒虚警的算法,提出了一种基于二阶统计假设的 CFAR 检测算法,简称 SOD-CFAR 检测器,原理框图如图 5-22 所示。

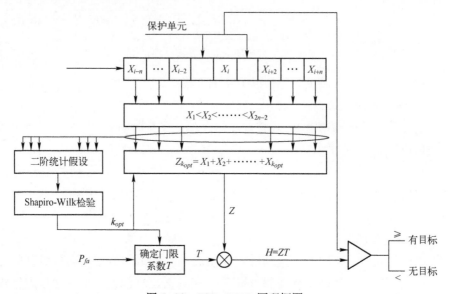

图 5-22 SOD-CFAR 原理框图

本文采用二阶统计假设的方法,对待测单元背景数据进行有序排列,找到有序数列最小二阶差分指数,剔除非平稳分布的杂波干扰,通过 Shapiro-Wilk 检验得到均匀分布的背景环境,对背景环境采用单元平均计算得到待测单元的自适应检测门限。该检测器通过以下五个步骤计算待测单元的自适应门限。

(1) 对参考窗口样本进行排序,得到一个升序的新序列 $\{X_1, X_2, X_3, \cdots, X_N\}$。

(2) 用有序样本最小二阶差分的指数 $k$ 估计序列 $\{X_1, X_2, X_3, \cdots X_N\}$ 中的杂波干扰个数,剔除干扰数据 $\{X_{k+1}, X_{k+2}, \cdots X_N\}$。

$k$ 的确定方法由下式所示:

$$k = \min_{i}(\mathrm{var}(Y_i) - \mathrm{var}(Y_{i+1})), i = 1, 2, \cdots, N \tag{5-34}$$

式中 $Y_i$——$X_1$ 至 $X_i$ 的序列,即,$Y_i = \{X_1, X_2, \cdots, X_i\}$;

$\mathrm{var}(Y_i)$——序列 $Y_i$ 的方差。

(3) 利用 Shapiro-Wilk 检验法[48]检验剔除干扰后的序列 $\{X_1, X_2, \cdots, X_{k_{\text{opt}}}\}$ 是否符合正态分布，其中 $k_{\text{opt}} = k$，若不通过检验，令 $k_{\text{opt}} = k-1$ 并开始重新进行 Shapiro-Wilk 检验，直到找到符合正态分布的参考单元窗长 $k_{\text{opt}}$。

(4) 计算对应的背景电平与设置自适应阈值电平，如式（5-30）所示：

$$T_{k_{\text{opt}}} Z_{k_{\text{opt}}} = T_{k_{\text{opt}}} \sum_{j=1}^{k_{\text{opt}}} X(j) \tag{5-35}$$

式中：$T_{k_{\text{opt}}}$ 由设定的虚警率 $P_{fa}$ 通过计算得到，两者关系如式（5-36）：

$$P_{fa}(k_{\text{opt}}) = \binom{N}{k_{\text{opt}}} \prod_{j=1}^{k_{\text{opt}}} \left( T_{k_{\text{opt}}} + \frac{N-j+1}{T_{k_{\text{opt}}} - j + 1} \right)^{-1} \tag{5-36}$$

通过计算可得：

$$P_{fa}(k_{\text{opt}}) = (1 + k_{\text{opt}})^{-k_{\text{opt}}} \frac{\Gamma(N - k_{\text{opt}}) \Gamma\left(\dfrac{N + k_{\text{opt}} T_{k_{\text{opt}}}}{1 + T_{k_{\text{opt}}}}\right)}{\Gamma(N) \Gamma\left(\dfrac{N - k_{\text{opt}}}{1 + T_{k_{\text{opt}}}}\right)} \tag{5-37}$$

(5) 根据门限 $T_{k_{\text{opt}}} Z_{k_{\text{opt}}}$ 进行判定：

$$\begin{cases} H_1 : X_i \geq T_{k_{\text{opt}}} Z_{k_{\text{opt}}} \\ H_0 : X_i < T_{k_{\text{opt}}} Z_{k_{\text{opt}}} \end{cases} \tag{5-38}$$

式中：判决准则 $H_1$ 为待测单元大于等于门限，出现目标；判决准则 $H_0$ 为待测单元小于门限，无目标。

SOD-CFAR 算法按照二维时频恒虚警检测方式，依次对每一个时间维上的全部多普勒频率点进行恒虚警检测。SOD-CFAR 算法得到的临近单元的杂波统计特性与待检单元一致，因此适用于时频图时间维单元的恒虚警检测。为了对杂波背景得到完整的估计，样本总长 $N$ 越高检测效果越佳，但是 $N$ 过高会影响检测速度与 Shapiro-Wilk 检验的准确性，通过对多种数据测试发现，选取 $L/16$ 为样本长度的检测效果较高，其中 $L$ 为待测信号总长度。

### 5.6.3 检测性能分析

本节对 33 连发高射速脱壳弹时频仿真信号进行了基于弹托频谱窗的 SOD-CFAR 检测，处理结果如图 5-23、图 5-24 所示。

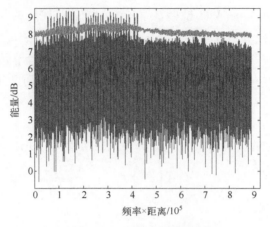

图 5-23 SOD-CFAR 门限

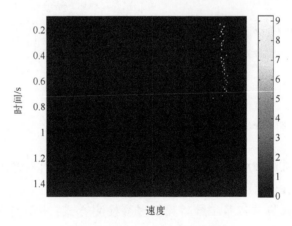

图 5-24 SOD-CFAR 检测结果

图 5-23 为 SOD-CFAR 门限取值，从图中可以看出门限随回波背景自适应变化，门限取值可以有效地剔除杂波干扰。图 5-24 为 SOD-CFAR 检测结果，从图中可以看出 SOD-CFAR 算法成功剔除了弹托频谱干扰，具有良好的检测效果。

## 5.7 实验结果与分析

本节分别采用时频二维双门限恒虚警检测算法、Hough 变换目标检测算法和 SOD-CFAR 算法对 3 连发榴弹和 33 连发脱壳弹第 5 距离门仿真回波数据进行了多目标检测。处理结果如图 5-25 和图 5-26 所示。

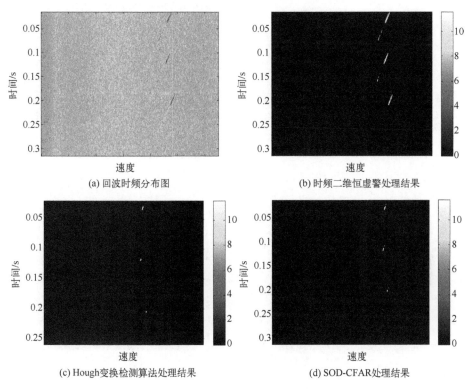

(a) 回波时频分布图　　　　　　　　(b) 时频二维恒虚警处理结果

(c) Hough 变换检测算法处理结果　　　(d) SOD-CFAR 处理结果

图 5-25　某 3 连发榴弹弹丸回波处理结果

图 5-26 为三种算法对 33 连发普通榴弹仿真回波数据的处理结果图。图 5-26 (a) 为回波时频图，从图中可以看出回波数据存在高斯噪声与能量泄漏干扰，回波信噪比相对较高。对比三种算法的处理结果可以看出，对于普通榴弹回波数据，时频二维双门限恒虚警检测算法处理结果中存在大量虚警，SOD-CFAR 算法处理结果存在少量虚警，基于 Hough 变换的目标检测算法准确地提取出了 3 发弹丸目标，具有最佳的检测效果。

图 5-26 为 33 连发脱壳弹处理结果，从图 5-26 (a) 中可以看出仿真回波数据存在高斯噪声、"拖尾"干扰和弹托卡瓣频谱干扰，回波信噪比较低。Hough 变换无法检测出目标直线区域，算法失效。双门限恒虚警检测无法剔除弹托干扰，存在大量虚警，SOD-CFAR 检测可以有效地剔除时频图中三种形式的干扰，检测效果最佳。

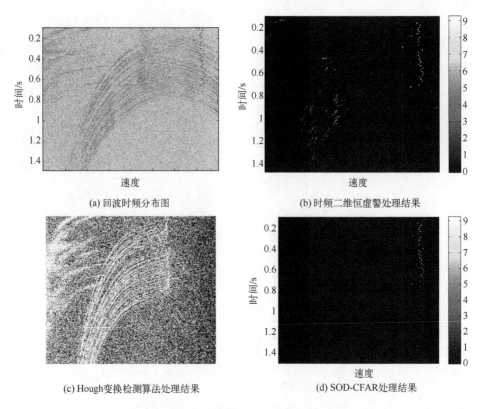

图 5-26 33连发脱壳弹弹丸回波处理结果

表 5-2 列出了三种检测算法对不同数据检测性能指标的对比，从表中可以看出，时频二维双门限恒虚警算法自适应性较差，当缺少先验经验时会出现大量虚警。在对信噪比较高的普通榴弹回波数据处理时，基于 Hough 变换的目标检测算法表现出了超高的检测能力，可以准确地提取出所有弹丸目标。但是该算法对图像中的直线比较敏感，当时频图中存在弹托频谱干扰时，无法准确提取目标的直线区域，导致算法失效。因此该算法适用于没有弹托干扰的普通榴弹回波数据的检测。SOD-CFAR 算法检测结果中出现了少量虚警，检测效果略低于 Hough 变换检测算法，适用于脱壳弹回波数据的检测。

表 5-2  3 种算法对数据检测性能指标对比

| 数据 | 算法 | 漏检数 | 正检数 | 虚警数 | 品质因子 |
|---|---|---|---|---|---|
| 3 连发榴弹弹丸数据 | 时频二维恒虚警 | 0 | 3 | 26 | 0.1034 |
| | Hough 变换检测 | 0 | 3 | 0 | 1.0000 |
| | SOD-CFAR | 0 | 3 | 2 | 0.6000 |
| 33 连发脱壳弹弹丸数据 | 时频二维恒虚警 | 0 | 33 | 40 | 0.5333 |
| | Hough 变换检测 | 33 | 0 | 0 | 0 |
| | SOD-CFAR | 0 | 33 | 2 | 0.9412 |

# 第6章 群目标分辨数据处理技术

## 6.1 概　述

根据第 3 章的分析可知,在对密集弹丸群目标的初速测量过程中,不能直接使用弹丸出膛时的瞬时速度作为弹丸初速,而是需要采用数据外推,对信号处理后的目标数据进行外弹道数据处理,得到弹丸飞行过程中的速度时间变化曲线,最终根据弹丸出膛时刻计算得到弹丸初速。本章主要研究相关的密集弹丸群目标数据处理算法。首先给出了算法流程并进行了分析,指出常用弹迹起始算法存在运行速度慢,弹迹起始结果受主观经验影响较大的问题;跟踪滤波算法存在数据利用不足,跟踪结果可靠性较低的问题。这些问题会降低群目标初速计算的精度。随后,本章根据上述问题对常用算法进行了优化,提高了群目标初速外推的精度。

## 6.2　数据处理

对密集弹丸群目标回波,利用第 5 章的群目标信号处理算法,可以得到多个距离门内目标的时间速度信息,但是无法确定同一发弹丸在不同距离门内对应的点迹。因此需要对 16 个距离门内的目标参数进行数据关联与拟合。首先,通过弹迹起始、跟踪滤波算法对不同距离门内的目标进行数据关联,找到每发弹丸在不同距离门的点迹。然后,对这些点迹进行曲线拟合得到每发弹丸的速度时间变化曲线。最后,通过弹丸出膛时刻外推出弹丸初速。

### 6.2.1　弹迹起始

多目标跟踪滤波算法根据起始弹迹时刻的速度、时间、加速度、加加速度等信息对下一时刻的目标运动状态进行估计,从而得到每发弹丸在不同距离门内的估计值。起始弹迹的目标参数信息实际上是跟踪滤波的标准参考数据，因此弹迹起始算法的准确性对跟踪滤波的结果有重要的影响。

弹迹起始与预警雷达中航迹起始算法相同主要有逻辑法和规则法，逻辑法是对已知数据的速度、时间等信息进行估计，根据估计值划定一个关联区域，将在一个关联区域内的点迹划为一条弹迹。规则法是建立关于目标信息（速度、时间等）的约束条件，对下一帧的数据进行判断，对于满足约束条件的点迹，建立一条弹迹。

根据弹丸运动特性与雷达的工作方式，群目标初速测量采用规则法对前3个距离门数据进行弹迹起始得到每发弹丸的3点弹迹，具体过程如图6-1所示。

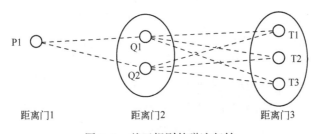

图6-1 基于规则的弹迹起始

从起始距离门1（1个目标）开始对距离门2（2个目标）和距离门3（3个目标）内的目标进行关联，通过匹配准则找到下一个距离门内的关联点，三点形成一条弹迹。如图6-1所示，根据P1点对距离门2中的Q1、Q2点进行判断，若Q2满足匹配准则，则以Q2为基准对距离门3内的T1、T2、T3进行判断，若T2满足匹配准则，则P1、Q2、T2形成一条弹迹。若多个目标同时满足匹配准则，则选取误差最小的点；若某个距离门内不存在满足匹配准则的点，则认为起始目标点为野值，删除弹迹。其中匹配准则包括速度约束条件、距离约束条件和加速度约束条件。

速度约束条件：
$$v_{i+1} < v_i \tag{6-1}$$

距离约束条件：
$$\begin{cases} l = \dfrac{v_i + v_{i+1}}{2}(t_{i+1} - t_i) \\ l - r \leqslant L_0 \end{cases} \tag{6-2}$$

加速度约束条件：
$$\begin{cases} a_{i+1} = \dfrac{v_{i+1}-v_i}{t_{i+1}-t_i} \\ |a_{i+1}-a| < a_0 \end{cases} \quad (6-3)$$

式中 $v_i$——第 $i$ 距离门内目标速度；

$v_{i+1}$——第 $i+1$ 距离门内的目标测量速度，由于弹丸在飞行过程中做减速运动，因此下一个距离门内的目标速度要小于当前距离门内的目标速度；

$l$——当前距离门内目标与下一距离门内被测目标距离；

$r$——距离门间距；

$L_0$——允许的最大距离误差；

$t_i$ 和 $t_{i+1}$——第 $i$ 距离门与第 $i+1$ 距离门内目标的时间；

$a_{i+1}$——第 $i+1$ 距离门内目标加速度；

$a$——弹丸标准加速度；

$a_0$——允许的最大加速度误差。

弹迹起始默认起始距离门内的所有测量值为弹丸目标，从起始距离门回波内的所有测量点开始依次进行弹迹起始，因此起始距离门的检测效果对弹迹起始的影响巨大。起始距离门回波数据的野值越多，弹迹起始速度和精度就越低。在群目标雷达初速测量过程中，由于雷达起始检测位置距离炮口较近、弹丸的速度高、RCS 小等原因，导致第一距离门内的雷达回波数据存在较大干扰。若按照传统的弹迹起始算法采用第一距离门作为起始距离门则必然会影响弹迹起始效果，产生大量虚假弹迹。实际测量过程中采用人工选择方法，根据恒虚警检测效果，找到目标个数接近且不少于发射弹丸个数的距离门数据作为弹迹起始数据。该方法虽然从一定程度上解决了问题，但是采用人工干预的方法会严重影响初速测量系统的运行速度，破坏系统的整体性与稳定性，弹迹起始结果受人主观经验影响较大，可靠性较低。

### 6.2.2 $\alpha$-$\beta$-$\gamma$ 跟踪滤波算法

$\alpha$-$\beta$-$\gamma$ 滤波是一种简化了卡尔曼滤波的常增益滤波方法，适用于高速弹丸的运动模型并且计算过程简单，适合用于群目标初速测量雷达中的跟踪滤波。在群目标初速测量雷达的跟踪滤波过程中，按照时间顺序由起始弹迹开始从前至后进行递推运算，根据起始弹迹的速度、加速度与加加速度递推得到下一距离门内目标参数匹配值，直到最后一个距离门完成跟踪滤波。

$\alpha$-$\beta$-$\gamma$ 滤波适用于匀加速和近似匀加速的运动模型，该滤波算法是卡尔曼滤波算法的一种特殊形式，主要方程有如下3个。

（1）目标状态方程。

$$X(i+1) = PX(i) + \Phi n(i) \quad (6\text{-}4)$$

在初速测量中，目标的状态主要包括速度、加速度、加加速度，$X(i) = \begin{bmatrix} x(i) \\ \dot{x}(i) \\ \ddot{x}(i) \end{bmatrix}$；$P = \begin{bmatrix} 1 & T & T^2/2 \\ 0 & 1 & T \\ 0 & 0 & 1 \end{bmatrix}$ 为状态转移矩阵；$\Phi = \begin{bmatrix} T^2/2 \\ T \\ 1 \end{bmatrix}$ 为噪声分布矩阵；$n(i)$ 为均值为零的高斯白噪声。

（2）测量方程。

$$Z(i) = H(i)X(i) + W(i) \quad (6\text{-}5)$$

测量矩阵 $H(i) = [1 \ 0 \ 0]$，测量噪声 $W(i)$ 为高斯白噪声，均值为零。

（3）$\alpha$-$\beta$-$\gamma$ 滤波器公式。

$$\begin{cases} \hat{X}(i+1|i) = P\hat{X}(i|i) \\ K = [\alpha, \beta/T, 2\gamma/T^2] \\ \hat{X}(i+1|i+1) = \hat{X}(i+1|i) + K[Z(i+1) - H\hat{X}(i+1|i)] \end{cases} \quad (6\text{-}6)$$

增益系数 $\alpha$，$\beta$，$\gamma$ 通过临界阻尼选择法得到。当阻尼系数为1时，$\alpha$，$\beta$，$\gamma$ 的关系如下：

$$\begin{aligned} \alpha &= 1 - R^3 \\ \beta &= 1.5(1-R^2)(1-R) \\ \gamma &= 0.5(1-R)^3 \end{aligned} \quad (6\text{-}7)$$

根据信号形式确定 $\alpha$ 后，便可以求得 $\beta$ 和 $\gamma$ 的值。

由于 $\alpha$-$\beta$-$\gamma$ 跟踪滤波是从起始弹迹时刻开始的递推运算，因此起始弹迹时刻前的距离门数据无法参与跟踪滤波过程，当人工筛选的弹迹起始数据为靠后的距离门数据时，跟踪滤波的数据利用率低，大大增加了初速外推误差，甚至导致初速外推结果无法使用。

### 6.2.3 初速外推

通过跟踪滤波可以获得每发弹丸在不同距离门内的速度、时间匹配值，利用最小二乘拟合算法对这些数据进行曲线拟合，获得每发弹丸的速度—时间曲线。具体原理如图 6-2 所示。

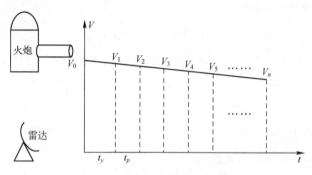

图 6-2 弹丸运动曲线拟合原理

图中 $V_1, V_2 \cdots V_n$ 为弹丸在不同距离门内的速度，$W_i$ 为多项式拟合的权系数。采用最小二乘法多项式拟合方法[49]可得弹丸初速，如式（6-8）：

$$V_0 = \sum_{i=1}^{N} W_i V_i \quad i=1,2,\cdots,n \tag{6-8}$$

将通过微波触发仪得到的每发弹丸出膛时刻代入速度时间曲线，最终外推得到弹丸初速。

### 6.2.4 数据处理结果分析

利用 3 连发弹丸回波数据进行处理，首先通过信号处理已经提取出了每个距离门内的目标时间速度信息。通过弹迹起始算法、跟踪滤波和最小二乘拟合算法得到如图所示的处理结果。图 6-3 分别为传统弹迹起始算法与当前人工筛选的弹迹起始算法处理结果。图 6-4 为跟踪滤波结果。

图 6-4（a）为以第 1 距离门为起始数据的弹迹起始结果图，图 6-4（b）为通过人工选择，选择第 11 距离门为起始数据的弹迹起始图。通过对比可以看出由于第一距离门内存在大量干扰，导致弹迹起始效果较差，产生了虚假弹迹；人工选择起始数据的弹迹起始算法准确得到了 3 发弹丸的起始弹迹。

# 第6章 群目标分辨数据处理技术

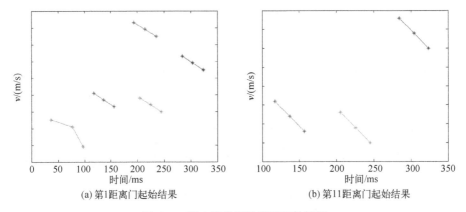

(a) 第1距离门起始结果　　　　　　　　(b) 第11距离门起始结果

图 6-3　某 3 连发回波弹迹起始结果

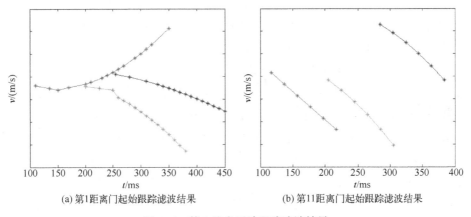

(a) 第1距离门起始跟踪滤波结果　　　　(b) 第11距离门起始跟踪滤波结果

图 6-4　某 3 连发回波跟踪滤波结果

从图 6-4 中可以看出,弹迹起始距离门数据的精度对跟踪滤波结果影响较大。从图 6-4(a)中可以明显看出弹丸点迹与弹丸运动模型偏差较大,主要是由于原始弹迹起始算法中出现了大量的虚假弹迹,影响了跟踪滤波效果。图 6-4(b)是以第 11 距离门数据作为起始数据的跟踪滤波结果图,其结果如表 6-1 所列。表 6-1 为弹丸发射时间与初速度。榴弹设计仿真初速度为 700m/s,从表中可以看出,每发弹丸的初速均大于设计初速。初速外推结果出现偏差的原因主要是采用人工干预的方法影响了数据拟合的准确性与可靠性,并且多目标的跟踪滤波仅利用了 16 组距离门数据中的 5 组距离门数据信息,剔除了其余的 11 组数据,从而导致了曲线拟合数据量过低,测试结果出现了较大的偏差。

表 6-1 弹丸的发射时刻与初速度

| 序号 | 发射时刻/(ms) | 初速度/(m/s) |
|---|---|---|
| 1 | 5 | 709 |
| 2 | 8 | 706 |
| 3 | 11 | 710 |

## 6.3 自适应弹迹起始算法

通过第 5 章介绍可知,群目标初速测量雷达接收到目标回波后通过相关解调、时频分析、多目标检测等算法可以得到每个距离门内目标时间、速度和幅度等信息。由于雷达回波内包含多个目标,需要对所有距离门内的目标信息进行数据处理。数据处理一般包括弹迹起始,跟踪滤波和曲线拟合算法。在进行数据处理时,需要利用弹迹起始建立机动目标统计模型来实现多目标跟踪滤波。一个好的弹迹起始能有效地剔除虚假目标,为后续的跟踪滤波减少计算量。弹迹起始的结果受第一帧数据的影响较大,传统弹道测量多目标数据处理流程如图 6-5 所示,采用实时处理方式从第一帧数据开始,进行数据预处理、弹迹起始、跟踪滤波过程,每输入一帧数据进行一次数据处理。传统的弹迹起始方法以第一帧数据作为起始数据,弹迹起始效果受到第一帧数据的影响较大。在群目标雷达初速测量中,由于雷达起始检测位置距离炮口较近、弹丸的飞行速度高、RCS 小等原因,第一帧回波数据中往往会产生较大干扰,因此会出现虚假弹迹,使多目标跟踪效果较差,严重的会导致弹丸初速外推无法完成。当前群目标初速测量采用人工筛选的方法,选择检测效果最佳的数据作为弹迹起始算法的起始数据。但是该方法自适应性较差,受主观经验影响较大,导致弹迹起始算法的稳定性和准确性较差。

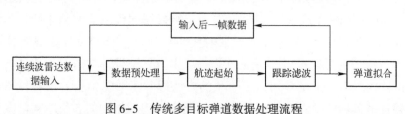

图 6-5 传统多目标弹道数据处理流程

群目标初速测量数据处理对实时性与处理速度要求不高,但是对数据关联的精度要求较高。根据这一特点,本节对当前弹迹起始算法进行了优化,建立了最优起始距离门搜索准则，流程如图6-6所示，输入雷达数据但是不进行数据处理，当所有数据输入完成后计算机会根据最优起始距离门搜索准则，自动选择检测效果最佳的数据作为起始数据。该算法不仅增强了弹迹起始效果而且还避免了主观因素带来的影响，增强了算法的稳定性与连贯性，提高了数据处理的速度。

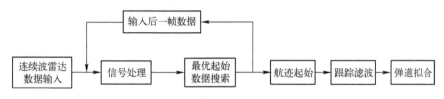

图6-6　改进多目标弹道数据处理流程

## 6.3.1　最优起始距离门搜索算法

设置帧长为$n$；第$i$帧数据中目标个数为$k_i$，每一帧数据内第$j$个目标对应的速度时间为$v_j$，$t_j$；发射弹丸个数$m\_k$，速度判决区间$(v_{\min}, v_{\max})$，最大发射间隔$\delta t$。其中，$m\_k$、$v_{\min}$、$v_{\max}$与$\delta t$可以根据试验时发射的弹丸种类得到。

最优起始数据判决条件有以下两点：

(1) 干扰最少且不存在漏警现象。

$$\begin{cases} k \geqslant m\_k \\ k-m\_k = \min(k_i - m\_k); i=1,2,\cdots,n \end{cases} \quad (6-9)$$

(2) 不存在异常数据。

$$\begin{cases} v_j \in (v_{\min}, v_{\max}) \\ (t_{j+1} - t_j) \leqslant \delta t; j=1,2,\cdots,n \end{cases} \quad (6-10)$$

最优起始距离门搜索算法流程图如图6-7所示。

最优起始数据搜索过程如下：

(1) 初始化帧数计数器$i$，$i$初始化取值为1；

(2) 将$k_i$与$m\_k$进行比较。若$k_i < m\_k$，删除对应数据并跳转步骤(5)；若$k_i = m\_k$，进行步骤(3)，若$k_i > m\_k$，跳转步骤(4)；

(3) 遍历距离门$i$，若对于任意的$v_j$，$t_j$满足$v_j \in (v_{\min}, v_{\max})$且$(t_{j+1} - t_j) < \delta t$，跳转步骤(8)，若不满足，跳转步骤(5)；

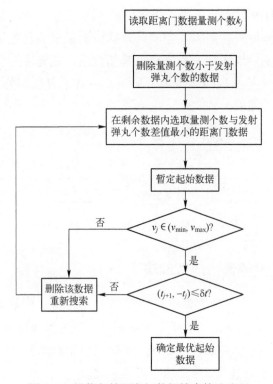

图 6-7 最优起始距离门数据搜索算法流程

(4) 计算数据目标个数与发射弹丸个数差值,储存在向量 $\boldsymbol{p}$ 中,$pi = k_i - m\_k$;

(5) $i = i+1$,若 $i \leqslant n$,跳转步骤(2);

(6) 遍历向量 $\boldsymbol{p}$,找到 $\boldsymbol{p}$ 中最小值 $p_i$;

(7) 遍历距离门 $i$,若对于任意的 $v_j$,$t_j$ 满足 $v_j \in (v_{\min}, v_{\max})$ 且 $(t_{j+1} - t_j) < \delta t$,跳转步骤(8),若不满足,删除 $pi$ 跳转步骤(6);

(8) 输出起始距离门 $i$,完成搜索。

## 6.3.2 自适应弹迹起始算法

自适应弹迹起始算法采用规则法,以起始距离门内的目标信息作为参考值,通过速度、加速度和距离的约束条件对后续距离门内的目标进行弹迹判定,自适应弹迹起始过程如下:

(1) 通过最优起始数据搜索算法得到起始距离门 $i$。

## 第6章 群目标分辨数据处理技术

(2) 从起始距离门 $i$ 开始对后续距离门 $i+1$ 和距离门 $i+2$ 内的目标进行关联,以起始距离门 $i$ 内目标的速度、加速度作为后续目标关联的参考标准。

(3) 对距离门 $i+1$ 内的目标进行速度误差判定,保留距离门 $i+1$ 中满足不等式 $v_{i+1}<v_i$ 的目标信息。

(4) 在距离门 $i+1$ 内剩余的目标中进行加速度误差判定,判定公式如式 (6-11):

$$\begin{cases} a_{i+1}=\dfrac{v_{i+1}-v_i}{t_{i+1}-t_i} \\ |a_{i+1}-a|<a_0 \end{cases} \quad (6\text{-}11)$$

式中 $v_{i+1}$ 与 $v_i$——第 $i+1$ 距离门和第 $i$ 距离门内的目标速度;

$t_{i+1}$ 与 $t_i$——第 $i+1$ 距离门和第 $i$ 距离门内的目标时间;

$a_{i+1}$——通过第 $i+1$ 距离门量测计算得到的目标加速度;

$a$——加速度参考值;

$a_0$——误差允许范围内的最大加速度误差。对于满足式 (6-11) 的目标进行保留,不满足的数据作为野值进行剔除。

(5) 在距离门 $i+1$ 剩余的目标中进行距离误差判定,其判定公式 (6-12):

$$\begin{cases} l=\dfrac{v_i+v_{i+1}}{2}(t_{i+1}-t_i) \\ |l-r|\leqslant L_0 \end{cases} \quad (6\text{-}12)$$

式中 $l$——当前距离门内目标与下一距离门内被测目标距离;

$r$——距离门间距;

$L_0$——距离误差允许范围内的最大距离。满足式 (6-12) 中的数据进行保留,不满足的数据作为野值进行剔除。

(6) 统计当前距离门 $i+1$ 内的数据个数,若个数等于 1,则将对应数据进行弹迹拓展;若个数大于 1,则保留 $|l-r|$ 最小的数据进行弹迹拓展,若个数等于 0,则认为距离门 $i$ 内的起始弹迹点为野值点,进行剔除。

(7) 重复上述过程直到距离门 $i$ 内的所有数据全部完成,以第 $i+1$ 距离门数据作为参考,重新进行 (1) 到 (6) 过程直到距离门 $i+1$ 内的数据与距离门 $i+2$ 内的数据全部完成关联。这样就形成了弹丸的三点弹迹。该弹迹作为跟踪滤波的起始弹迹，为跟踪滤波过程中数据的跟踪关联提供参考标准。

## 6.4 双向 $\alpha$-$\beta$-$\gamma$ 跟踪滤波算法

自适应弹迹起始算法从 16 个距离门中选择检测效果最优的距离门数据作为起始数据，得到最佳的起始弹迹来进行跟踪滤波。由于 $\alpha$-$\beta$-$\gamma$ 跟踪滤波是由前一时刻向后一时刻进行的递推过程，因此在 $\alpha$-$\beta$-$\gamma$ 跟踪滤波中就无法利用弹迹起始时刻之前的距离门数据。当所选择的弹迹起始距离门比较靠后时，跟踪滤波可利用的数据不足，导致跟踪滤波的结果不够准确。

针对跟踪滤波利用不足的问题，可采用双向 $\alpha$-$\beta$-$\gamma$ 滤波算法，流程图如图 6-8 所示。

该滤波过程分为前向滤波与后向滤波两部分，在跟踪滤波过程中增加了数据关联过程，跟踪滤波过程如下：

（1）通过自适应弹迹起始算法得到起始弹迹，假设起始弹迹在第 $k$，$k+1$，$k+2$ 距离门。

（2）进行数据关联。无论是前向或者后向跟踪滤波，在进行滤波前都需要对后一时刻的数据进行匹配关联，关联的约束条件有以下两个。

① 时间约束：

$$\begin{cases} |t_o(k)-t_o(k+1)-\Delta t|<t_x \\ t_o(k)-t_o(k+1)<0 \end{cases} \quad (6\text{-}13)$$

式中　$t_o(k)$，$t_o(k+1)$——第 $k$，$k+1$ 距离门内目标的观测时间；

　　　$\Delta t$——相邻距离门间的时间差；

　　　$t_x$——相邻距离门内目标观测时间差与标准时间差允许的最大误差。

② 速度约束：

$$\begin{cases} V_e(k)=V_e(k-1)+a_e(k-1)\cdot(t_o(k)-t_o(k-1)) \\ V_p(k)=|V_o(k)-V_e(k)|<V_x \end{cases} \quad (6\text{-}14)$$

式中　$V_e(k)$——第 $k$ 距离门的参考速度；

　　　$V_o(k)$——第 $k$ 距离门的观测速度；

　　　$V_x$——在误差合理区间内的观测速度最大误差值。

# 第6章 群目标分辨数据处理技术

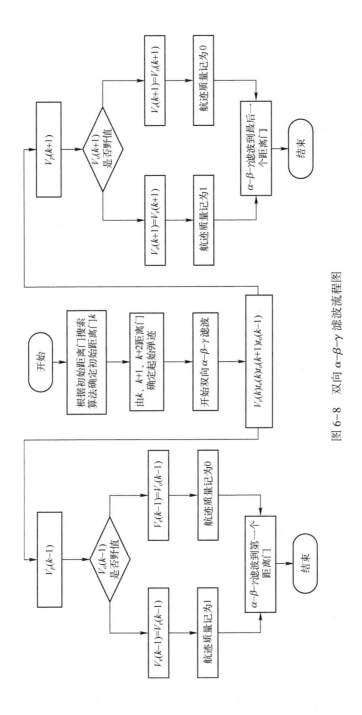

图 6-8 双向 $\alpha-\beta-\gamma$ 滤波流程图

速度约束条件主要是根据前一距离门的目标速度和加速度，计算下一距离门内目标的理论速度值，通过速度误差阈值 $v_x$ 找到在合理误差区间内的目标。若存在多个目标，则选取误差最小的目标；若不存在目标，则将计算得到的理论速度与时间信息替换原目标的速度时间信息。

（3）开始进行双向跟踪滤波，按照第 $i+2$ 距离门到第 1 距离门的顺序进行前向滤波；按照从第 $i$ 距离门到第 16 距离门的递推顺序进行后向跟踪滤波。前向滤波方程如下。

① 目标状态方程：

$$X(i-1) = PX(i) + \Phi n(i) \tag{6-15}$$

在初速测量中，目标的状态主要包括速度、加速度、加加速度，$X(i) = \begin{bmatrix} x(i) \\ \dot{x}(i) \\ \ddot{x}(i) \end{bmatrix}$；$P = \begin{bmatrix} 1 & T & T^2/2 \\ 0 & 1 & T \\ 0 & 0 & 1 \end{bmatrix}$ 为状态转移矩阵；$\Phi = \begin{bmatrix} T^2/2 \\ T \\ 1 \end{bmatrix}$ 为噪声分布矩阵；$n(i)$ 为均值为零的高斯白噪声。

② 测量方程：

$$Z(i) = H(i)X(i) + W(i) \tag{6-16}$$

式中：测量矩阵 $H(i) = [1 \ 0 \ 0]$，测量噪声 $W(i)$ 为高斯白噪声，均值为零。

③ $\alpha$-$\beta$-$\gamma$ 滤波器公式：

$$\begin{cases} \hat{X}(i-1|i) = P\hat{X}(i|i) \\ K = [\alpha, \beta/T, 2\gamma/T^2] \\ \hat{X}(i-1|i-1) = \hat{X}(i-1|i) + K[Z(i-1) - H\hat{X}(i-1|i)] \end{cases} \tag{6-17}$$

$i$ 从 $k$ 到 2 进行取值，计算距离门 $i-1$ 内目标速度、加速度、加加速度的预测值[50]：

$$\begin{aligned} V_{\text{pre}}(i-1) &= V_{\text{est}}(i) + \dot{V}_{\text{est}}(i)(t_{\text{ori}}(i-1) - t_{\text{est}}(i)) + \ddot{V}_{\text{est}}(i)(t_{\text{ori}}(i-1) - t_{\text{est}}(i))^2 \\ \dot{V}_{\text{pre}}(i-1) &= \dot{V}_{\text{est}}(i) + \ddot{V}_{\text{est}}(i)(t_{\text{ori}}(i-1) - t_{\text{est}}(i)) \\ \ddot{V}_{\text{pre}}(i-1) &= \ddot{V}_{\text{est}}(i) \end{aligned} \tag{6-18}$$

式中 $V_{\text{pre}}$，$\dot{V}_{\text{pre}}$，$\ddot{V}_{\text{pre}}$——速度、加速度、加加速度预测值；

## 第6章 群目标分辨数据处理技术

$V_{est}$, $\dot{V}_{est}$, $\ddot{V}_{est}$——速度、加速度、加加速度匹配值；

$t_{ori}$, $t_{est}$——时间测量值与匹配值。

$i-1$ 时刻目标速度匹配值如下：

$$V_{est}(i-1) = V_{pre}(i-1) + \alpha(V_{ori}(i-1) - V_{pre}(i-1))$$
$$\dot{V}_{est}(i-1) = \dot{V}_{pre}(i-1) + \beta((V_{ori}(i-1) - V_{pre}(i-1))/(t_{est}(i-1) - t_{est}(i)))$$
$$\ddot{V}_{est}(i-1) = \ddot{V}_{pre}(i-1) + 2\gamma((V_{ori}(i-1) - V_{pre}(i-1))/(t_{est}(i-1) - t_{est}(i)))^2$$

(6-19)

增益系数 $\alpha$，$\beta$，$\gamma$ 可以通过临界阻尼选择法得到。后向跟踪滤波过程与传统跟踪过程相同，在此不再赘述。采用双向跟踪滤波的方法可以充分利用全弹道信息，得到更加准确可靠的弹道估计。

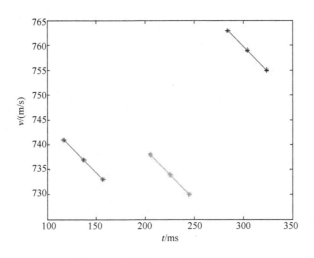

图 6-9 自适应弹迹起始效果图

雷达接收 3 连发榴弹仿真回波数据通过相关解调、时频分析、目标检测与参数提取等过程，提取出各个距离门内的目标时间速度信息并且储存在对应的文件内。数据处理过程读取所有距离门内目标信息并开始进行自适应弹迹起始和双向跟踪滤波，处理结果如下图所示。弹迹起始与双向跟踪滤波的参数选择：最大距离误差 6m，最大速度误差 4m/s，相邻距离门时间间隔 0.01s。图 6-9 为自适应弹迹起始算法得到的每发弹丸的三点弹迹，图 6-10 为 3 发弹丸跟踪滤波后的速度时间拟合曲线。通过与图 6-4 对比可以明显地看出，双向跟踪滤波算法充分利用了16组距离门数据，得到了完整的目标速度时间变化趋势。

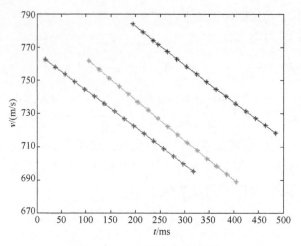

图 6-10　双向跟踪滤波效果图

表 6-2 列出了弹丸起始时刻和初速度，计算得到的 3 发弹丸初速在合理误差范围内，并且均小于设计初速，符合实际情况。3 发弹丸的平均速度达到了 789.53m/s，误差为 0.50%，相比于表 6-1，改进后算法的准确性与可靠性得到了提高。

表 6-2　3 发弹丸的发射时刻与初速度

| 序号 | 发射时刻/ms | 初速度/(m/s) |
| --- | --- | --- |
| 1 | 5 | 765 |
| 2 | 8 | 764 |
| 3 | 11 | 787 |

# 第7章 仿真平台设计与实现

## 7.1 概 述

本章建立了基于 Simulink 的群目标初速测量回波处理仿真平台,利用 S 函数对回波处理算法进行了仿真,建立了时频分析、多目标检测、自适应弹迹起始、双向 $\alpha\text{-}\beta\text{-}\gamma$ 跟踪滤波、曲线迹拟合和初速外推等多个仿真模块。该仿真平台可以根据不同种类的弹丸回波数据,选取适用的目标检测算法,实现对不同数据的自适应检测,有利于群目标雷达初速测量的算法分析与优化。

## 7.2 Simulink 仿真平台

Simulink 是 MATLAB 中的一种可视化仿真工具,是一种基于 MATLAB 的框图设计环境,是实现动态系统建模、仿真和分析的一个软件包,被广泛应用于线性系统、非线性系统、数字控制及数字信号处理的建模和仿真中。

Simulink 提供一个动态系统建模、仿真和综合分析的集成环境。在该环境中,无需大量书写程序,而只需要通过简单直观的鼠标操作,就可构造出复杂的系统。

Simulink 具有适应面广、结构和流程清晰及仿真精细、贴近实际、效率高、灵活等优点,并基于以上优点 Simulink 已被广泛应用于控制理论和数字信号处理的复杂仿真和设计。同时有大量的第三方软件和硬件可应用于或被要求应用于 Simulink。

Simulink 可以用连续采样时间、离散采样时间或两种混合的采样时间进行建模，它也支持多速率系统，也就是系统中的不同部分具有不同的采样速率。为了创建动态系统模型，Simulink提供了一个建立模型方块图的图形用户接口，这个创建过程只需单击和拖动鼠标操作就能完成，它提供了一种更快捷、直接明了的方式，而且用户可以立即看到系统的仿真结果。

对于复杂数据模型或算法的仿真，无法通过Simulink通用模块进行搭建，为此，Simulink提供了一种自定义模块S函数，可以弥补这一不足。用户可以通过M文件或C语言编写S函数，建立一个可以和通用模块一起使用的自定义模块，该模块可以通过封装产生与对应模块的图标，进而不断扩充Simulink的仿真功能。

## 7.3 群目标初速测量回波处理仿真平台结构设计

如图7-1所示，为群目标初速测量雷达优化算法处理流程图，通过短时傅里叶变换后，对时频信号进行弹丸分选，设置发射弹丸种类，并根据弹丸种类自动选择对应的多目标检测算法进行处理。当16路距离门数据完成多目

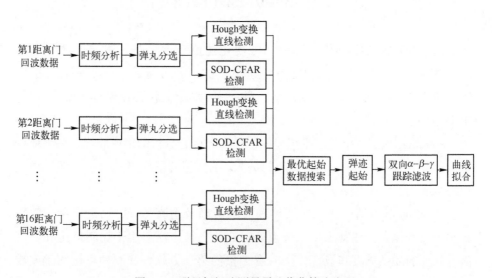

图7-1 群目标初速测量雷达优化算法流程

标检测后，开始最优起始数据搜索，找到最优起始距离门并开始弹迹起始与双向跟踪滤波，最后根据滤波结果进行曲线拟合得到弹丸速度—时间曲线，完成初速外推。

在 Simulink 基础上建立了群目标初速测量回波处理仿真平台，并且利用 S 函数建立了各个回波处理算法的仿真模块，群目标初速测量雷达算法仿真模块如图 7-2 所示。

如图 7-2 所示，回波处理仿真平台主要包括信号处理、数据处理、弹迹显示三部分。其中，信号处理部分由数据读取模块、时频分析模块和多目标检测模块组成。数据读取模块主要实现回波数据的输入。时频分析模块对输入的回波数据进行时频分析得到时频二维信号。多目标检测模块根据弹丸种类选取对应的目标检测算法对时频信号进行去噪处理并提取目标参数信息，当前发射弹丸主要分为榴弹和脱壳弹两种。数据处理部分由弹迹起始模块和跟踪滤波模块组成，分别采用了本节提出的自适应弹迹起始算法和双向 $\alpha\text{-}\beta\text{-}\gamma$ 跟踪滤波算法。弹迹显示部分由曲线拟合模块和初速外推模块组成，曲线拟合模块采用最小二乘拟合算法绘制了多目标速度时间曲线，初速外推模块读取弹丸出膛时刻，根据速度时间曲线外推得到弹丸初速并将每发弹丸初速显示在 Matlab 工作空间内。

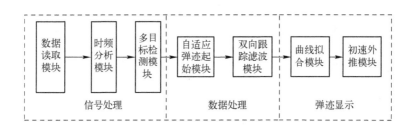

图 7-2　回波处理仿真平台工作流程图

回波处理仿真平台的设计流程图如图 7-3 所示，各模块按顺序开始工作，在启动时开始调用算法子程序。在数据读取过程中，读取回波数据和初始参数值，根据发射弹丸的实际情况，需要对每个模块的参数进行设置。

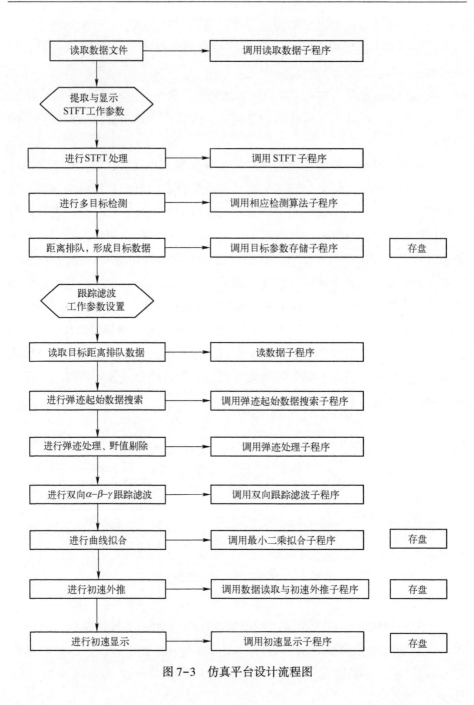

图 7-3 仿真平台设计流程图

## 7.4 S 函数自定义模块

### 7.4.1 S 函数分类

S 函数也称为 Simulink 中的系统函数，用来描述模块的 Simulink 宏函数，当 Simulink 中的默认提供的模块不能满足用户需求时，用户可以通过 S 函数建立一个模块实现自定义功能。S 函数有多种类型，按照语言分类有 M 语言编写的和 C、C++、Fortran 等语言编写的 S 函数。用户可以根据不同用途选择不同的 S 函数类型。例如，编写简单的数学计算算法时可以使用 Level 1 M S 函数，由于回波处理算法的仿真中需要传递二维时频信号并且弹迹起始模块需要多个距离门的输入端口，因此本节采用 Level 2 M S 函数进行回波处理仿真平台的建模。

### 7.4.2 Level 2 M S 函数的子方法

S 函数与 Simulink 普通模块一样具有输入（端口个数可以为 0）、输出（端口个数可以为 0）及模块内部状态量（个数可以为 0）。Level 2 M S 函数使用户能够使用 MATLAB 语言编写支持多个输入输出端口的自定义模块，并且每个端口支持 Simulink 支持的所有数据类型。Level 2 M S 函数在仿真过程中通过调用各个子方法函数来实现整个模块的运算与更新。

这些子方法主要包括模块初始化、采样时刻计算、模块输出计算、模块离散状态量的更新方法、连续状态变量的积分方法和仿真结束前的终止方法。下面对这 6 种子方法进行详细介绍。

（1）初始化：在第一个采样时间的仿真之前运行的函数，用来初始化模块，包括设定输入/输出端口个数和维数，输入是否直接馈入等。在 Level 2 M S 函数中为 Setup 子方法，在 Setup 中不仅可以设置多输入多输出，而且可以设置输入输出端口信号的维数，另外 S 函数的其他子方法也使通过 Setup 子方法进行注册。Setup 子方法的实现功能如下：

① 设定模块输入输出端口个数；
② 设定端口数据类型、数据维数、实复性等；
③ 设定模块采样时间；
④ 设定 S 函数参数个数；

⑤ 注册 S 函数子方法。

Setup 中的参数为 block，是 Level 2 M S 函数的实时对象，包含了一些属性和方法，其属性成员如表 7-1 所列。

表 7-1　Level 2 M S 函数实时对象的属性列表

| 实时对象属性成员 | 说　明 | 实时对象属性成员 | 说　明 |
| --- | --- | --- | --- |
| NumDialogPrms | 模块参数个数 | NumContStates | 连续状态变量个数 |
| NumInputPorts | 输入端口数 | NumDworkDiscStates | 离散状态变量个数 |
| NumOutputPorts | 输出端口数 | NumRuntimePrms | 运行时参数个数 |
| BlockHandle | 模块句柄 | SampleTimes | 输出模块的采样时间 |
| CurrentTime | 当前仿真时间 | NumDworks | 离散工作向量个数 |

通过 block 变量的点操作符来访问上表中属性，使用等号进行赋值例如：

block.NumDialogPrms = 0;

模块的端口包含自己的属性，其中常用属性列表如表 7-2 所列。

表 7-2　Level 2 M S 函数端口属性

| 端口属性名 | 说　明 |
| --- | --- |
| Dimensions | 端口数据维数 |
| DatatypeID/Datatype | 端口数据类型，可通过 ID 指定或直接指定数据类型名 |
| Complexity | 端口数据是否复数 |
| DirectFeedthrough | 端口数据是否直接馈入 |
| DimensionsMode | 端口维数是固定或可变（fixed/variable） |

当模块中存在多个端口时需要对每一个端口进行属性设定，使用端口访问方法及端口号索引设定输入/输出端口，如：

Block.InputProt(1).Dimensions = 1

(2) 采样时刻计算：根据模型解算器的算法求得下一个采样时刻点，由于回波处理仿真系统不具有变步长模块，因此不涉及采样时刻的计算。

(3) 模块输出计算：每个模块主程序计算模型输出端口的输出值。Level 2 M S 函数中为 Output 子方法。

(4) 模块离散状态量更新：在每一个主算法完成后都会进行一次离散状

态更新计算,在输出函数之后。在 Level 2 M S 函数中为 Updata 子方法。

(5) 积分计算:在连续模型中使用,主要用来更新连续状态。

(6) 模型终止:仿真终止时调用该子函数,用于清除变量,释放内存。Level 2 M S 函数中为 Derivatives 子方法。

### 7.4.3 自定义模块的封装

当用户编写了自定义的 S 函数之后,可通过封装为该模块设计显示外观,并且为 S 函数所需要的参数添加对应的空间,共同构成模块的参数对话框。通过封装可以使用户更加快捷地对回波处理仿真平台内各模块中的参数进行修改,可以增加仿真系统的运行速度。

由于回波处理仿真平台内模块个数较少,可以采用 Mask Editor 封装方法。使用 Mask Editor 封装方法可以使模块的封装更加细致,并且在封装的基础上可以帮助用户完成 M 代码的创建。利用 Mask Editor 对模块进行封装的主要过程如下:

(1) 选择该模块,右键打开封装编辑器(Mask Edition)。在 Icon&Ports 页面中设置模块外观,包括在模块图标添加文本、图形等;

(2) 在 Parameter&Dialog 页面内添加 S 函数内需要修改变量参数,并且设计类型包括输入赋值型、选择型等;

(3) 在 Initialization 页面内添加模块变量参数的初始化脚本;

(4) 在 Documentation 页面内添加模块功能介绍。

由于封装过程较为简单,在此不在一一赘述,图 7-4 所示为数据读取模块封装后的对话框。

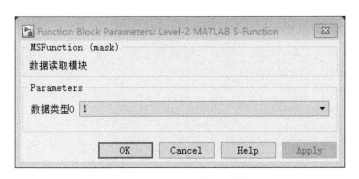

图 7-4 数据读取模块封装

## 7.5 主要算法实现

雷达接收到目标弹丸的 16 路距离门回波数据"channel_n.txt"($n = 1$, 2,…,16)、参数初始化数据和出膛时刻数据"GPS.txt",如图 7-5 所示。

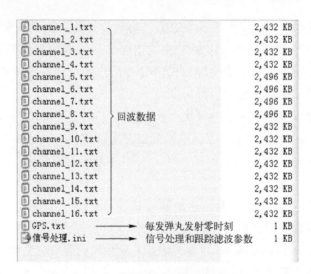

图 7-5 雷达回波数据存储形式

群目标初速测量雷达回波处理仿真平台需要对全部 16 路距离门数据进行信号处理,为了提高仿真速度,采用并行运算的方式对每路回波数据同时进行信号处理,如图 7-6 所示,将信号处理后提取出的每组距离门内目标参数信息进行存储,然后对全部距离门内的目标参数信息统一进行数据处理。回波处理仿真平台主要包括数据读取模块、时频分析模块、多目标检测模块、自适应弹迹起始模块、双向跟踪滤波模块、曲线拟合和初速外推模块。

### 7.5.1 数据读取模块

数据读取模块主要是读取回波数据。仿真数据是通过雷达回波产生系统生成的仿真数据,I/Q 两路的回波信号为十进制的实数,按照 Simulink 的采样时间点有序排列。雷达实测数据是以二进制的形式储存的 16 位整形数据,

## 第7章　仿真平台设计与实现

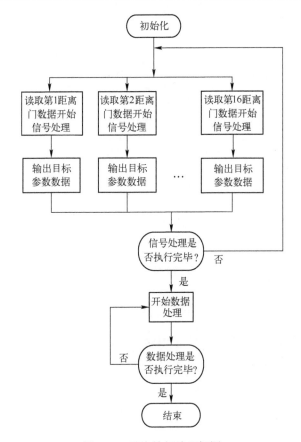

图 7-6　系统并行处理框图

I/Q 两路回波信号按照奇偶行交叉排列。由于仿真数据与实测数据的存储形式不同，因此需要采用不同的方法进行数据读取。

如图 7-7 所示，为雷达回波数据读取流程图。其中，雷达数据读取模式 O 有两种取值为 0 或 1，分别代表读取仿真数据和读取实测数据。当 O=0 时，代表数据输入为回波仿真数据，数据类型为十进制的整形向量，直接采用"load"函数载入仿真回波数据并储存在向量 C 中；当 O=1 时，代表输入数据为雷达实测数据，数据类型为二进制数据，需要采用 Matlab 中的"fopen"函数将回波数据按照二进制形式读取，并且采用"fread"函数对读取的数据按照 16 位十进制整形的形式写入向量 C 内。

数据读取模块实时对象与端口属性的设置方法如下：

输入端口个数：block. NuminputProts=0；

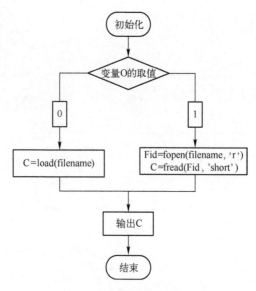

图 7-7 雷达数据读取流程图

输出端口个数：block. NumOutputPorts=1；
输入数据维度：block. InputPort(1). Dimensions=0；
输出数据：Output=C；

### 7.5.2 时频分析模块

该模块对读取的回波数据 C 进行短时傅里叶变换得到回波时频二维数据 S，实现运动目标在时频维上的显示，为目标检测做准备。具体流程如图 7-8 所示。

首先，初始化用户自定义参数。对用户自定义参数进行赋值，其中自定义参数主要包括起始速度 m_f1，结束速度 m_f2，FFT 点数 nfft，采样率 fs，窗口滑动距离 N，滑窗模式 M。

然后，进行窗函数的选择。自定义参数 M 有四种取值分别为 1、2、3、4，分别对应矩形窗、汉明窗、汉宁窗和布莱克曼-哈里斯窗，通过对 M 值来进行窗函数的选择，选择完成后对滑窗内的数据进行 FFT，滑窗从输入数据 C 的第一位移动至最后一位，每次移动 N 位。设窗口移动了 m_k 次，短时傅里叶变换后会生成一个 m_k·nfft 的二维矩阵 A。其中 m_k 表示时间长度、nfft 表示时频信号频谱长度。

## 第7章 仿真平台设计与实现

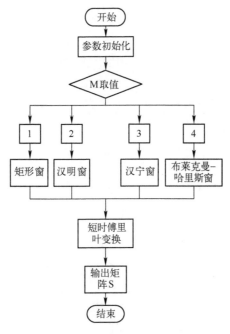

图 7-8 时频分析算法流程图

最后，进行单位变换与数据截短。根据多普勒测速原理可知，目标径向速度和回波的多普勒频率换算如下：

$$f1 = (int)((m\_f1 * (fc/iGS))/fs * nfft);$$
$$f2 = (int)((m\_f2 * (fc/iGS))/fs * nfft);$$

根据弹丸运动特性设定起始速度 m_f1 和结束速度 m_f2，计算得到目标多普勒起始频率 f1 和多普勒截止频率 f2，根据 f1 和 f2 对形成的时频二维矩阵在频率维进行截短，从而可以删除多余的无用数据，提高仿真运行速度。将时频信号的频率根据速度频率换算关系转换成径向速度，得到目标的速度时间二维数据。对该数据进行输出和绘制，绘图采用"imagesc"函数，X 轴代表目标径向速度，Y 轴代表目标出现的时间。时频矩阵内各点的能量对应时频分布图中的像素，能量越高的点在时频分布图中具有更高的像素值。

时频分析模块实时对象与端口属性的设置方法如下：

输入端口个数：block.NuminputProts=1；

输出端口个数：block.NumOutputPorts=1；

输入数据维度：block.InputPort(1).Dimensions=[1 L]；

输出数据维度：block.OutputPort(1).Dimensions=[m_k f2-f1]；

输入数据实复性：block.InputPort(1).Complexity='Real'；

输出数据实复性：block.OutputPort(1).Complexity='Complex'；

输出数据：Output=S。

时频分析模块用到了数量较多的自定义参数，封装后的自定义参数设置对话框如图7-9所示。

图7-9　时频分析模块参数封装图

### 7.5.3　多目标检测模块

多目标检测是群目标初速测量雷达数据处理的核心部分，该模块对第6章中根据当前两种主流火炮弹丸提出的两种多目标检测改进算法，即基于Hough变换目标检测算法和SOD-CFAR检测算法进行了仿真，算法仿真实现过程比较复杂。图7-10所示为该模块的总体流程图。

首先进行目标检测算法的分选。代表弹丸类型的自定义参数T的取值为0和1，通过if条件判决语句对两种多目标检测算法进行选择。当T=0时表示发射弹丸为榴弹，采用基于 Hough 变换的检测算法进行检测；当 T=1 时表示发射弹丸为脱壳弹，采用 SOD-CFAR 算法进行检测。检测完成后提取目标参数信息并储存在".txt"文件内。下面对两种多目标检测算法进行详细介绍。

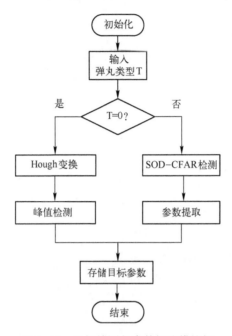

图 7-10　目标检测与参数提取模块框

**1. Hough 变换目标检测算法**

Hough 变换目标检测算法流程图如图 7-11 所示。

Hough 变换目标检测算法仿真过程主要有以下几个步骤：

（1）利用 matlab 中值滤波函数对输入的时频信号 S 进行中值滤波，表达式为 S=medfilt2(S,[n,n])，其中 n 为中值滤波窗口长度。

（2）对中值滤波后的数据 S 进行二值化处理，将大于峰值 0.4 倍的数据的幅值置为 1，小于的数据的幅值置为 0。

（3）开始进行 Hough 变换，检测时频信号中的目标谱线。首先，利用"hough"函数将 S 转换至 Hough 空间 H 内；

然后，利用"houghpeaks"函数找到 H 中数据最大的 N 个点，并且将峰值点储存在向量 P 内，考虑到误差问题，参数 N 设为发射弹丸个数的 2 倍。

$$P=\text{houghpeaks}(H,n,'\text{threshold}',\text{ceil}(0.3*\max(H(:))));$$

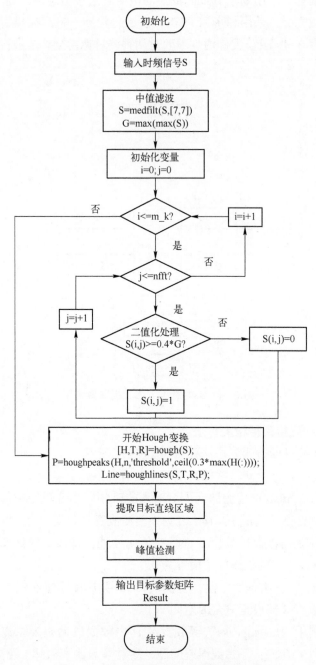

图 7-11　Hough 变换目标检测算法流程图

最后,通过"houghlines"函数得到时频图中的直线,以数组的形式储存在 lines 中,其中直线起点与终点坐标分别保存在向量 lines{k}.point1 和 lines{k}.point2 内,k 为直线序号。

(4) 提取直线区域,对当前提取出的直线 lines 进行展宽,提取直线区域的流程图如图 7-12 所示,利用起点与终点计算直线斜率与截距,提取以 lines 为中心,宽度为 10 的直线区域,将直线区域内的点储存在数组 C{k} 中。

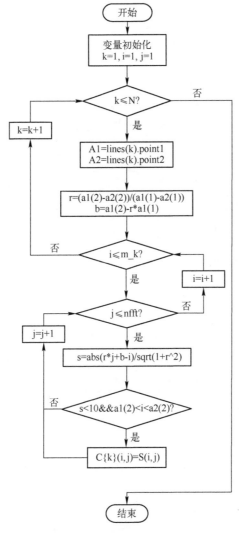

图 7-12 提取直线区域流

（5）峰值检测；峰值检测的流程图如图 7-13 所示，找到每个直线区域内的幅值最大点的横纵坐标和其对应的幅值，储存在"gate_n.txt"文件中，并且输出实数 n，表示检测完成，其中 n 为相对应的距离门序号。

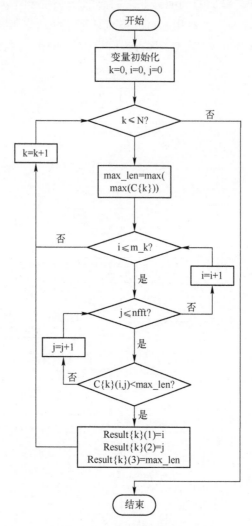

图 7-13　峰值检测流程图

## 2. SOD-CFAR 检测算法

SOD-CFAR 检测算法的仿真实现流程如图 7-14 所示，首先对回波时频数据进行频域加窗处理。其中，$g$ 为弹托频谱窗，$V_{\min}$ 弹丸理论上的最低速度。

然后计算加窗处理后的数据的恒虚警门限。最后将被测数据与门限进行比较，保留大于门限的数据。

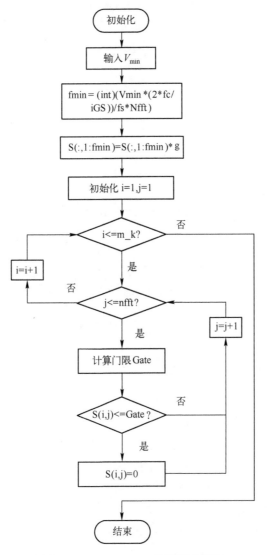

图 7-14  SOD-CFAR 检测算法框图

如图 7-15 为自适应门限计算流程图，其中 $T$ 为门限增益，通过虚警率计算得到。

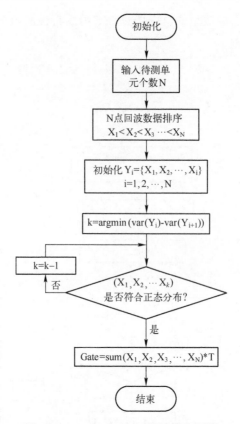

图 7-15　SOD-CFAR 门限计算流程图

将通过恒虚警检测后的数据进行边缘检测，找到属于同一目标的点集合，通过峰值检测算法提取每个目标点集合幅值最大的点，即为目标点。提取目标点的横纵坐标与模值，存储在"gate_n.txt"文件中，并且输出实数 $n$，表示多目标检测完成，$n$ 为对应距离门序号。

多目标检测模块实时对象与端口属性的设置方法如下：

输入端口个数：block.NuminputProts=1；

输出端口个数：block.NumOutputPorts=1；

输入数据维度：block.InputPort(1).Dimensions=[ m_k (f2-f1)]；

输出数据维度：block.OutputPort(1).Dimensions=[1 1]；

输入数据实复性：block.InputPort(1).Complexity='Complex'；

输出数据实复性：block.OutputPort(1).Complexity='real'；

输出数据：Output=$n$。

## 第7章 仿真平台设计与实现

多目标检测模块用户自定义参数封装图如图7-16所示。

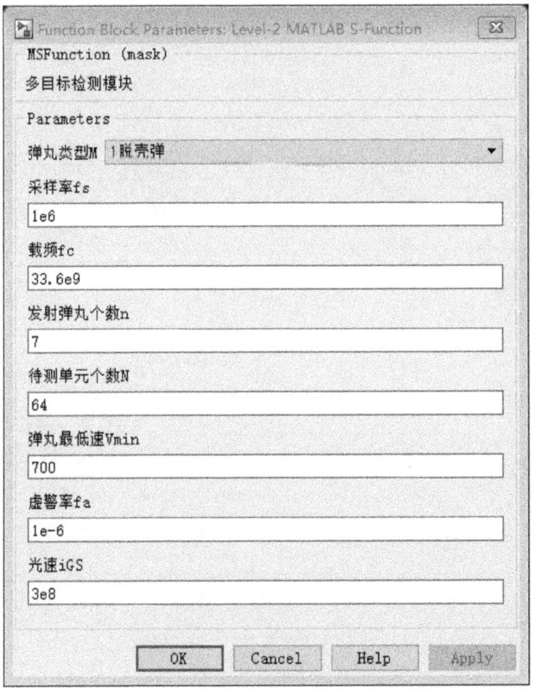

图7-16 多目标检测模块参数封装图

### 7.5.4 自适应弹迹起始模块

对本文提出的自适应弹迹起始算法进行仿真，算法流程图如图7-17所示，当接收到16个多目标检测模块的输出后开始进行弹迹起始，首先读取所有距离门内目标参数数据"gate_n.txt"并分别储存在向量Result{k}内。然后，根据7-2节提出的最优起始距离门搜索算法得到最优起始距离门$k$，以起始距离门$k$内的目标为参考，根据距离、速度、加速度约束条件对距离门$k+1$与距离门$k+2$内的数据进行关联，形成3点弹迹，将关联后的数据覆盖原始数据Result。

图7-17为弹迹起始封装图，该模块需要设了5个参数：最大加速度误差、最大距离误差、最大时间间隔、发射弹丸个数和距离门间距。其中，加速度误差默认为$2m/s^2$；距离门间距、最大距离门误差需要根据伪随机码的种类决定。

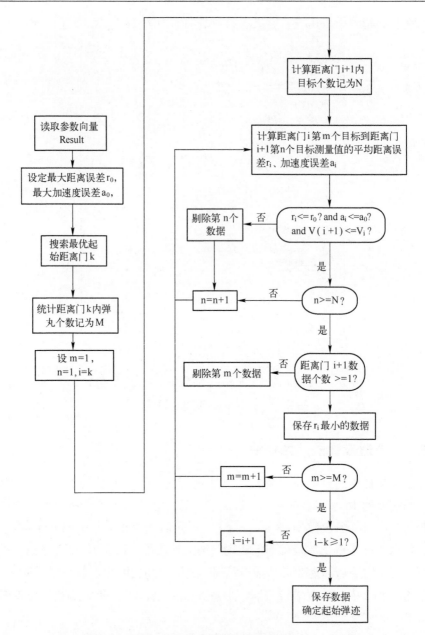

图 7-17 自适应弹迹起始流程图

## 7.5.5 双向跟踪滤波模块

双向 $\alpha$-$\beta$-$\gamma$ 跟踪滤波模块的处理流程图如图 7-18 所示。

# 第7章 仿真平台设计与实现

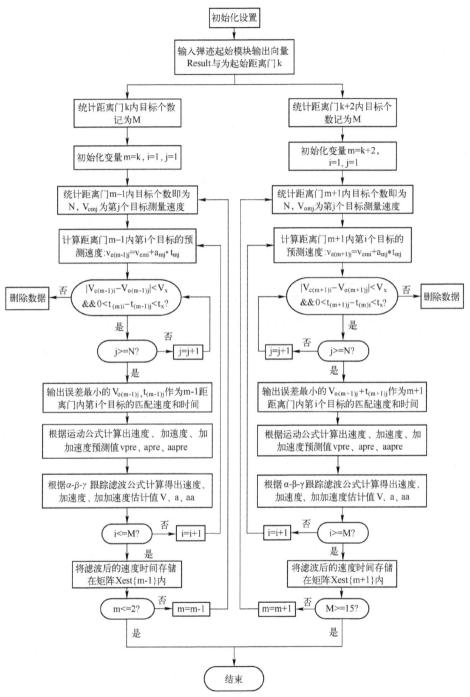

图 7-18 双向跟踪滤波算法流程图

107

模块初始化后，开始对弹迹起始模块输入的数据进行双向 $\alpha$-$\beta$-$\gamma$ 跟踪滤波。双向 $\alpha$-$\beta$-$\gamma$ 跟踪滤波主要包括数据关联和跟踪滤波处理两部分，首先根据速度与时间的约束条件找到与前一距离门目标相关联的数据，图中 $t_x$、$V_x$ 分别为允许的时间速度最大误差。通过约束条件找到满足约束条件且误差最小的数据进行双向 $\alpha$-$\beta$-$\gamma$ 跟踪滤波，双向跟踪滤波过程的目标速度、加速度、加加速度预测值通过递推得到，Matlab 实现语句如下。

Vpre{k±1}(i)= Result{k}(i,2)+a{k}(i)*(Result{k±1}(i,1)-Result{k}(i,1))+aa{k}(i)*(Result{k±1}(i,1)- Result {k}(i,1))^2;

apre{k±1}(i)= aest{k}(i)+aaest{k}(i)*( Result {k±1}(i,1)- Result{k}(i,1));

aapre{k±1}(i)= aaest{k}(i);

其中，Result{k}(i,2)、Result{k}(i,1)分别为第 $k$ 距离门内第 $i$ 个目标的速度与时间测量值，aest{k}(i)，aaest{k}(i)分别表示第 $k$ 距离门第 $i$ 个目标的加速度与加加速度匹配值。根据速度时间约束条件进行目标关联，第 $k$±1 距离门内第 $i$ 个关联目标的速度时间分别存储在矩阵 Xtemp{k-1}(i,2)，Xtemp{k-1}(i,1)内，对关联数据进行 $\alpha$-$\beta$-$\gamma$ 跟踪滤波，其中前向 $\alpha$-$\beta$-$\gamma$ 滤波的 Matlab 实现语句如下：

Xest{k-1}(i,1)= Xtemp{k-1}(i,1);

Xest{k-1}(i,2)= Vpre{k-1}(i)+a*(Xtemp {k-1}(i,2)-Vpre{k-1}(i));

aest{k-1}(i)= apre{k-1}(i)+b*(Xtemp{k-1}(i,2)-Vpre{k-1}(i)/(Xtemp{k-1}(i,1)-Xest{k}(i,1)));

aaest{k-1}(i)= aapre{k-1}(i)+2*c*(Xtemp{k-1}(i,2)-Vpre{k-1}(i))/(Xtemp{k-1}(i,1)-Xest{k}(i,1))^2;

其中，Xest{k-1}(i,2)，Xest{k-1}(i,1)分别表示第 $k$-1 距离门中第 $i$ 个目标的速度和时间的跟踪滤波匹配值，aest{k-1}(i)，aaest{k-1}(i)表示 $k$-1 距离门中第 $i$ 个目标的加速度与加加速度跟踪滤波后的匹配值。$a$，$b$，$c$ 分别表示 $\alpha$-$\beta$-$\gamma$ 跟踪滤波中的参数 $\alpha$，$\beta$，$\gamma$，其中默认 $\alpha$ 取值为 0.4（图 7-19）。

后向 $\alpha$-$\beta$-$\gamma$ 跟踪滤波过程的 Matlab 实现语句如下：

Xest{k+1}(i,1)= Xtemp{k+1}(i,1);

Xest{k+1}(i,2)= Vpre{k+1}(i)+a*( Xtemp {k+1}(i,2)-Vpre{k+1}(i));

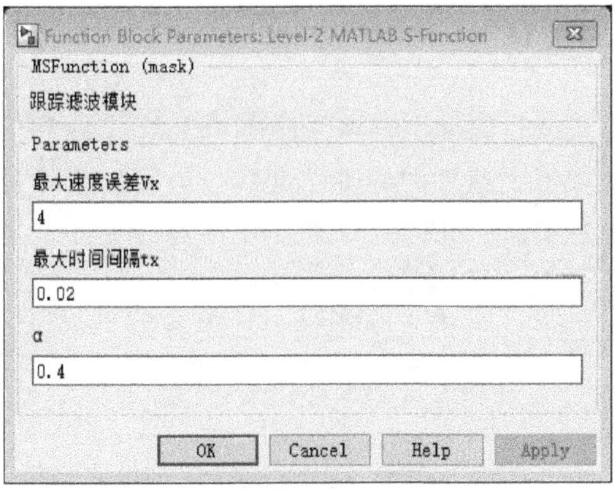

## 第7章 仿真平台设计与实现

图 7-19 弹迹起始封装图

aest{k+1}(i) = apre{k+1}(i) + b * (Xtemp{k+1}(i,2) - Vpre{k+1}(i)) / (Xtemp{k+1}(i,1) - Xest{k}(i,1));

aaest{k+1}(i) = aapre{k+1}(i) + 2 * c * (Vtemp{k+1}(i,2) - Vpre{k+1}(i)) / (Xtemp{k+1}(i,1) - Xest{k}(i,1))^2;

完成跟踪滤波后输出数据 Xest，其中 Xest 为跟踪滤波后 16 个距离门内目标时间速度信息，包含了 16 个 $M \times 2$ 的矩阵，$M$ 为弹丸个数。

如图 7-20 所示为双向跟踪滤波模块的参数封装图。

图 7-20 双向跟踪滤波模块参数封装图

### 7.5.6 曲线拟合与初速外推模块

通过双向跟踪滤波模块可以得到每发弹丸在 16 个距离门内的速度与时间信息，曲线拟合模块得到速度时间变化曲线，最后初速外推模块根据出膛时刻计算得到每发弹丸初速，处理流程图如图 7-21 所示。

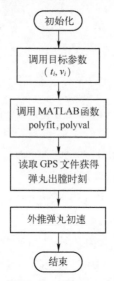

图 7-21　曲线拟合与初速外推模块流程图

首先进行模块初始化，然后输入跟踪滤波后的目标参数 $(t_i, v_i)$，通过 Maltab 曲线拟合函数 polyfit 和 polyval，获得每发弹丸的速度时间变化曲线，最后读取 GPS 文件，将弹丸的出膛时刻带入速度-时间曲线即可获得弹丸初速度。

## 7.6　数据处理实验

图 7-22 所示为群目标初速测量回波处理仿真平台，采用 16 路并行处理结构，input、STFT 和 Multi-target-Detection 分别为数据读取模块、时频分析模块和多目标检测模块。Adaptive Track Initiation 为自适应弹迹起始模块，当 16 路信号处理流程完成后对 16 路距离门数据进行自适应弹迹起始，将起始距离门编号、起始弹迹与 16 路距离门数据传入跟踪滤波模块，$\alpha$-$\beta$-$\gamma$ Filtering 模块进行双向跟踪滤波，将跟踪滤波结果 Xest 传入曲线拟合模块 Least-squarefitting 绘制多目标速度时间变化曲线，通过 Velocity-Calculation 模块得到弹丸初速。

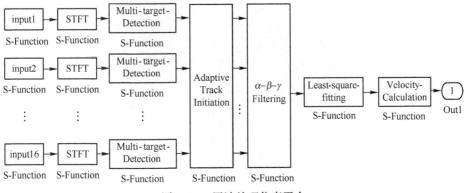

图 7-22　回波处理仿真平台

本节利用回波处理仿真平台对雷达回波仿真数据进行了处理。仿真数据为弹丸运动初速度 $v_0=1200\mathrm{m/s}$，加速度 $a=-150\mathrm{m/s}^2$，发射间隔为 15ms 的 3 连发弹丸回波。其中，伪随机码码长 $L_{\mathrm{code}}=255$，码钟 $f_{\mathrm{code}}=25\mathrm{MHz}$，载波频率 $f_c=33.6\mathrm{GHz}$。通过回波处理仿真平台得到的处理结果以第一距离门进行说明，图 7-23 为回波波形图。图 7-24 为回波时频分布图，短时傅里叶变换采样率为 1MHz，采用窗口长度为 4096，滑动距离为 1000 点的布莱克曼·哈里斯窗，起始速度 900m/s，结束速度 1400m/s。图 7-25 为基于 Hough 变换的峰值检测结果图。图 7-26 为弹丸速度曲线拟合结果图，表 7-3 为外推初速与出膛时刻。

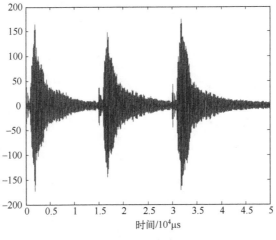

图 7-23　回波波形

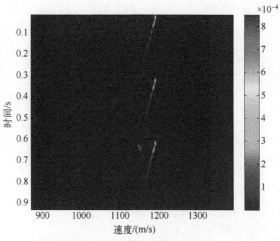

图 7-24　回波时频分布图

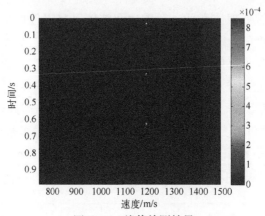

图 7-25　峰值检测结果

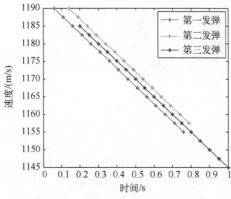

图 7-26　弹丸速度时间变化曲线

## 第7章 仿真平台设计与实现

表7-3为3连发弹丸外推初速,计算得到的3发弹丸初速平均值为1199m/s,与仿真设定的弹丸初速误差为1m/s,弹丸初速在合理误差范围之内,验证了回波处理仿真平台的正确性与可靠性。

表7-3 火炮初速表

| 炮弹数 | 出膛时刻/ms | 初速/(m/s) |
| --- | --- | --- |
| 第1发 | 2 | 1203 |
| 第2发 | 17 | 1198 |
| 第3发 | 32 | 1196 |

# 参 考 文 献

[1] 马百双, 刘昌锦. 炮口初速度测量方法综述 [J]. 四川兵工学报, 2011, 32 (08): 48-51.

[2] 赵培洪, 平殿发, 邓兵, 等. 基于图像处理的 Wigner-Ville 分布交叉项抑制 [J]. 电子测量技术, 2009, 32 (07): 146-148.

[3] Naohiro Fukuda, Tamotu Kinoshita, Kazuhisa Yoshino. Wavelet transforms on gelfand-Shilov spaces and concrete examples [J]. Journal of Inequalities and Applications, 2017 (01): 1-24.

[4] 王蕴红, 刘国岁, 李玺, 等. 基于短时傅里叶变换及奇异值特征提取的目标识别方法 [J]. 信号处理, 1998 (02): 123-127+140.

[5] 袁春兰, 熊宗龙, 周雪花, 等. 基于 Sobel 算子的图像边缘检测研究 [J]. 激光与红外, 2009, 39 (01): 85-87.

[6] 秦玉华, 郝程鹏. 基于自动删除平均和单元平均的恒虚警检测器 [J]. 探测与控制学报, 2011, 33 (01): 14-17+31.

[7] 程晓莉, 王晓晖, 梁车平. 几种恒虚警处理方法及性能比较 [J]. 电子元器件应用, 2010, 12 (03): 59-60+64.

[8] 陈建军, 黄孟俊, 邱伟, 等. 海杂波下的双门限恒虚警目标检测新方法 [J]. 电子学报, 2011, 39 (09): 2135-2141.

[9] 楼万翔, 黄迪. 基于 Hough 变换的目标交叉跟踪算法 [J]. 舰船电子工程, 2016, 36 (09): 35-38.

[10] 李晓聪, 涂刚毅, 裴江, 等. 基于改进 Hough 变换的检测前跟踪算法 [J]. 现代防御技术, 2016, 44 (05): 137-142.

[11] 杨晓波, 王薇. 一种扩频系统频域干扰抑制稳健加窗方法研究 [J]. 电视技术, 2011, 35 (07): 128-131.

[12] 李静. 基于二阶统计量盲均衡算法的研究 [D]. 太原: 太原理工大学, 2007: 26-30.

[13] 章刚勇, 阮陆宁. 基于 Monte Carlo 随机模拟的几种正态性检验方法的比较 [J]. 统计与决策, 2011 (07): 17-20.

[14] 朱自谦. 一种通用航迹起始模型 [J]. 航空学报, 2009, 30 (03): 497-504.

[15] 刘万利, 张秋昭. 基于 Cubature 卡尔曼滤波的强跟踪滤波算法 [J]. 系统仿真学报, 2014, 26 (05): 1102-1107.

[16] Kenshi Saho, Masao Masugi. Performance analysis of α-β-γ tracking filters using position and velocity measurements [J]. EURASIP Journal on Advances in Signal Processing, 2015 (01): 1-15.

# 参考文献

[17] Fried D L. Least-square fitting a wave-front distortion estimate to an array of phase-difference measurements [J]. Journal of the Optical Society of America, 1977, 67 (3): 370-375.

[18] Zheng Z L, Lei Q, Li W Y, et al. Track initiation for dim small moving infrared target based on spatial-temporal hypothesis testing [J]. Journal of Infrared, Millimeter, and Terahertz Waves, 2009, 30 (05): 513-525.

[19] 宋春吉, 韩壮志. 基于 Simulink 自定义模块伪码调相信号的产生 [J]. 舰船电子工程, 2016, 36 (10): 52-55.

[20] 包晓敏, 汪亚明, 郝保明. 基于聚类和 α-β-γ 滤波的运动跟踪 [J]. 测试技术学报, 2009, 23 (04): 288-292.

[21] Abdennour S, Hicham T. nonlinear multiple model particle filters algorithm for tracking multiple targets [J]. Archives of Control Sciences, 2011, 21 (1): 37-60.

[22] Yang Jin, Zhi Yong-hao, Xu Zheng. Comparison of different techniques for time-frequency analysis of internal combustion engine vibration signals [J]. Journal of Zhejiang University-Science A (Applied Physics & Engineering), 2011, 12 (7): 519-531.

[23] 王佳宁. 常用时频变换方法的浅析与比较 [J]. 科技创新导报, 2011, 27: 112.

[24] Chen Ming-hui. Time-frequency distributions in spectroscopic fourier-domain optical coherence tomography [C]//2009 International Conference on Optical Instruments and Technology: Optical Systems and Modern Optoelectronic Instruments, 2010.

[25] Ferrara, Matthew; Arnold, Gregory; Cheney, Margaret. Two joint time-frequency transforms for velocity separation of moving target radar data [C]. Radar Sensor Technology XI, 2007.

[26] Braham Barkat, Boualem Boashash, A high resolution quadratic time frequency distribution for component signals analysis [J]. IEEE Transaction on Signal Processing, 2001, 49 (10): 2232-2238.

[27] Cohen L. Time-Frequency distributions a review [J]. Proc. of IEEE, 1989, 77 (7).

[28] 王晓宇, 周旦红, 赵毅, 等. 时频分析在多目标分辨中的应用 [J]. 无线电通信技术, 2005, 31 (4): 55-56.

[29] 徐坤玉, 张彩珍, 药雪崧. 语音信号的加窗傅里叶变换研究 [J]. 山西师范大学学报 (自然科学版), 2011, 25 (3): 79-82.

[30] 周新刚, 赵惠昌, 涂友超, 等. 基于多普勒效应的伪码调相及其与 PAM 复合引信的抗噪声性能分析 [J]. 电子与信息学报, 2008, 30 (8): 1874-1877.

[31] 徐庆, 徐继麟, 周先敏, 等. 线性调频—二相编码雷达信号分析 [J]. 系统工程与电子技术, 2000, 22 (12): 7-8, 87.

[32] 郝新红, 白钰鹏, 崔占忠. 一种复合调制波形的测距性能分析 [J]. 北京理工大学学报, 2008, 28 (4): 297-301.

[33] 熊刚, 杨小牛, 赵惠昌. 伪码调相与线性调频复合探测系统的抗噪性能分析 [J]. 兵工学报, 2008, 29 (10): 1177-1182.

[34] 向崇文, 黄宇, 王泽众, 等. 基于 FrFT 的线性调频—伪码调相复合调制雷达信号截获与特征提取 [J]. 电讯技术, 2012, 52 (9): 1486-1491.

[35] 刘己斌, 赵惠昌. 伪码调相与PAM复合测距系统研究 [J]. 宇航学报, 2004, 25 (2): 152-157.

[36] 邓建平, 赵惠昌, 周新刚, 等. 伪随机脉位调制与单极性伪码调相复合体制引信 [J]. 宇航学报, 2007, 28 (2): 398-403.

[37] 张淑宁, 朱航, 赵惠昌, 等. 基于周期模糊函数的伪码调相与正弦调频复合引信信号参数提取技术 [J]. 兵工学报, 2014, 35 (5): 627-633.

[38] 刘己斌, 赵惠昌, 杨方. 伪码调相与脉冲多普勒复合引信的抗噪声性能分析 [J]. 探测与控制学报, 2003, 25 (3): 44-47.

[39] 何丹娜, 张天骐, 高丽, 等. 二次调频—伪码调相复合信号的伪码盲估计 [J]. 电子技术应用, 2013, 39 (5): 100-103.

[40] 王向晖, 王鹏, 王新梅. 复合测距伪随机码的选择 [J]. 通信技术, 2003 (11): 3-5.

[41] 朱晓华. 雷达信号分析与处理 [M]. 北京: 国防工业出版社. 2011: 151-187.

[42] McCormick A C, Al-Susa E A. Multicarrier CDMA for future generation mobile communication. Electronics & Communication Engineering Journal, 2002, 14 (2): 52-60.

[43] 刘冬梅, 郑鹏, 何怡刚, 等. 几种谐波检测加窗插值FFT算法的比较 [J]. 电测与仪表, 2013 (12): 51-55.

[44] 桂任舟. 利用二维恒虚警进行非均匀噪声背景下的目标检测 [J]. 武汉大学学报 (信息科学版), 2012, 37 (3): 354-357.

[45] 李钦, 刘利民, 黄巍, 等. 基于改进的剔除平均多目标恒虚警处理方法 [J]. 探测与控制学报, 2015, 37 (02): 59-61+65.

[46] Liu J B, Wang L J, Zhao H C. Performance analysis of anti-noise FM jamming of pseudo-random code fuzes [J]. Journal of Electronics & Information Technology, 2004, 26 (12): 1925-1932.

[47] Hans-Jurgen Zepernick, AdolfFilger. 伪随机信号处理: 理论与应用 [M]. 电子工业出版社, 2007: 93: 100.

[48] Samanta, Schwarz. C. J. The shapiro-wilk test for exponentiality based on censored data [J]. Journal of the American Statistical Association, 1988, 83 (402): 528-531.

[49] Kumar A, Kumar R. Least square fitting for adaptive wavelet generation and automatic prediction of defect size in the bearing using levenberg-marquardt backpropagation [J]. Journal of Nondestructive Evaluation, 2017, 36 (1): 7.

[50] Han C, Gao L, Wang R, et al. Accurate positioning method of the trapped personnel based on calman filter algorithm [C]//International Conference on Wireless Communication and Sensor Network. 2016: 336-341.

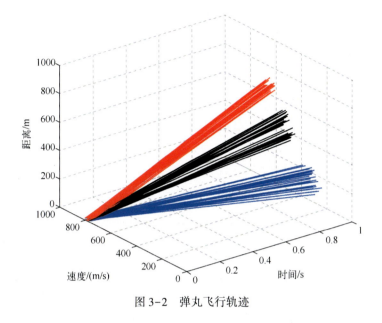

图 3-2  弹丸飞行轨迹

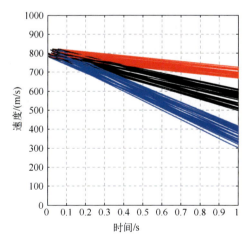

图 3-3  时间速度维轨迹

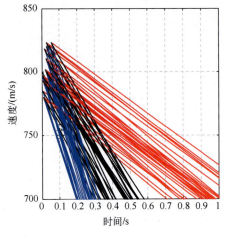

图 3-4 时间速度放大图

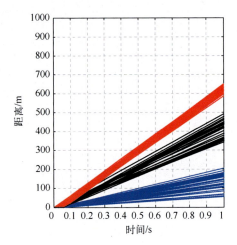

图 3-5 时间距离维轨迹

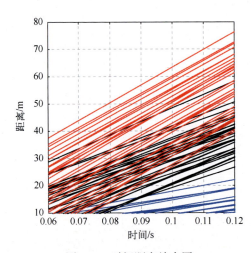

图 3-6 时间距离放大图

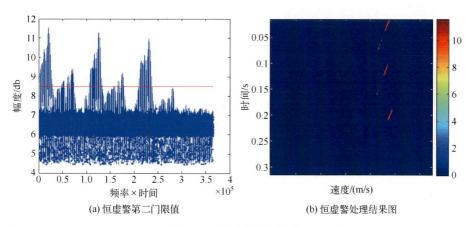

(a) 恒虚警第二门限值　　　　(b) 恒虚警处理结果图

图 5-7　恒虚警处理结果

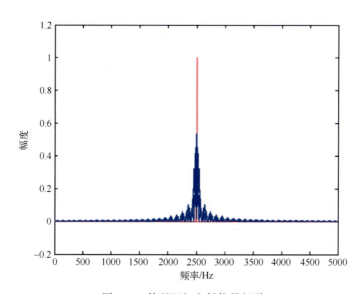

图 5-8　伪码调相发射信号频谱

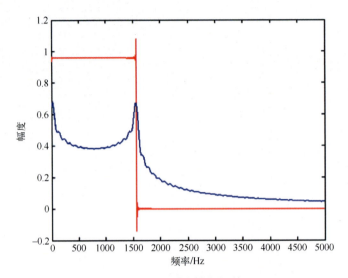

图 5-10　回波多普勒频谱

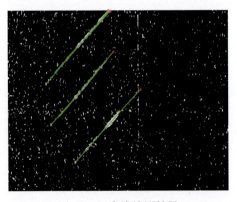

图 5-17　直线检测结果